特种经济动物养殖致富直通车

獭兔高效养殖关键技术

肖峰 曹继东 姜八一 主编

中国农业出版社
北京

丛书编委会

编写人员

主　编　肖　峰　曹继东　姜八一

副主编　杨万郊　王传宝　蔺伟波　王永胜
蔡　明

参　编　解红梅　李燕舞　刘敬盛　姜建波
李　秀　吕娜娜　梁　强　王维乐
白亚楠

丛书序

近年来，山东省特种经济动物养殖业发展迅猛，已成为全国第一养殖大省。2016年水貂、狐狸和貉养殖总量分别为2 408万只、605万只和447万只，占全国养殖总量的73.4%、35.4%和21.4%；兔养殖总量为4 000万只，占全国养殖总量的35%；鹿养殖总量达1万余只。特种经济动物养殖业已成为山东省畜牧业的重要组成部分，也是广大农民脱贫致富的有效途径。山东省虽然是特种经济动物养殖第一大省，但不是强省，还存在优良种质资源匮乏、繁育水平较低、饲料营养不平衡、疫病防控程序和技术不合理、养殖场建造不规范、环境控制技术水平低和产品品质低劣等严重影响产业经济效益和阻碍产业健康发展的瓶颈问题。急需建立一支科研和技术推广队伍，研究和解决生产中存在的这些实际问题，提高养殖水平，促进产业持续稳定健康发展。

山东省人民政府对山东省特种经济动物养殖业的发展高度重视，于2014年组建了"山东省现代农业产业技术体系毛皮动物创新团队"（2016年更名为"特种经济动物创新团队"），这也是特种经济动物行业在全国唯一的一支省级创新团队。团队由来自全省各地20名优秀专家组成，设有育种与繁育、营养与饲料、疫病防控、设施与环境控制、加工与质量控制和产业经济6大研究方向，还设有山东省、济南市、青岛市、潍坊市、临沂市、滨州市、烟台市、莱芜市8个综合试验站，山东省财政每年给予支持经费350万元。创新团队建立以来，深入生产一线开展了特种经济动物养殖场环境状况、繁殖育种现状、配合饲料生产技术、重大疫病防控现状、褪黑激素使用情况、屠宰方式、动物福利等方面的调研，撰写了调研报告17篇，发现了大量迫切需要解决的问题；针对水貂、狐狸、貉及家兔的光控、营养调控、疾病防治、毛绒品质和育种核心群建立等30余项技术开展了研究；同时对“提高水貂生产性能综合配套技术”“水貂主要疫病防控关键技术研究”“水貂核心群培育和毛皮动物疫病综合防控技术研究与应用”“绒毛型长毛兔专门化品系培育与标准化生产”等6项综合配套技术开展了技术攻关。团队发表研究论文158篇（SCI 5篇），获国家发明专利16项，实用新型专利39项，计算机软件著作权4项，申报山东省科研成果一等奖1项，已获得山东省农牧渔业丰收奖3项，山东省地市级科技进步奖10项；山东省主推技术5项，技术推广培训5万余人次等。创新团队取得的成果及技术的推广应用，一方面为特种经济动物养殖提供了科技支撑，极大地提高了山东省乃至全国特种经济动物的养殖水平，同时也为山东省由养殖大省迈向养殖强省奠定了基础，更为出版《特种经济动物养殖致富直通车》提供了丰富的资料。

《特种经济动物养殖致富直通车》丛书包括《毛皮动物疾病诊疗图谱》《水貂高效养殖关键技术》《狐狸高效养殖关键技术》《貉高效养殖关键技术》《肉兔高效养殖关键技术》《獭兔高效养殖关键技术》《长毛兔高效养殖关键技术》《梅花鹿高效养殖关键技术》《宠物兔健康养殖技术》等。本套丛书凝集了创新团队专家们多年来对特种经济动物研究成果和实践经验的总结，内容丰富，技术涵盖面广，涉及特种经济动物饲养管理、营养需要、饲料配制加工、繁殖育种、疾病防控和产品加工等实用关键技术；内容表达深入浅出，语言通俗易懂，实用性强，便于广大农民阅读和使用。希望本套丛书的出版发行，对提高广大养殖者的养殖水平和经济效益起到积极的指导作用。

山东省现代农业产业技术体系特种经济动物创新团队

2018年9月

前 言

畜牧业是我国国民经济发展中的重点行业之一。随着社会经济水平的提高，特种经济动物产业在畜牧业中占据越来越重要的地位，而獭兔又是特种经济动物的重要组成部分。现代獭兔生产是从20世纪70年代开始出现的，随着配合饲料、疾病防治、环境控制等技术的发展，獭兔养殖业进入新的阶段——采用先进科学的技术和设备，以工厂化的生产方式达到高效产出的目的。工厂化养獭兔不仅能提高劳动生产率，而且能够降低饲料消耗、缩短饲养周期、提高商品质量。

为发展我国的獭兔业，解决獭兔生产中的关键技术问题，应广大养殖户要求，山东省农业产业技术体系特种经济动物产业创新团队组织专家编写了本书，普及獭兔的科学生产知识，以期满足当前獭兔养殖业发展的需要。

本书涵盖了獭兔生产的各个环节，包括兔场建设、獭兔品系选择及引种技术、獭兔营养及饲料配制技术、饲养管理技术、繁育技术、獭兔毛皮生产及加工技术、疾病防治技术等内容。本书既有该学科的理论知识，又富有实践技能，具有科学性、先进性、实用性以及图文并茂、通俗易懂、可操作性强的特点，有利于普及和推广新理念、新品种、新技术、新成果、新经验，适于农业院校师生、养殖技术人员和獭兔饲养爱好者使用与参考。

本书在编写过程中参考了大量的书籍和文献，并得到了有关院校专家、獭兔养殖技术人员的大力支持，在此一并致谢！

由于编者水平和经验有限，书中不足之处，敬请读者批评指正！

编　者

目录

第三章　獭兔品系选择与引种关键技术

第四章　獭兔的营养与饲料配制关键技术

第五章　獭兔的饲养管理关键技术

第六章　獭兔的繁育关键技术

第七章　兔病的防治关键技术

第八章　獭兔毛皮生产及加工关键技术

第一章
獭兔业发展概况及前景

獭兔，是一种典型的皮用型兔，因其毛皮酷似珍贵毛皮动物水獭，所以人们称之为獭兔。

獭兔原产于法国，系由普通兔突变发展而成的。1919 年，獭兔最先出现在一个名叫卡隆的牧场主家中，在他家的一窝灰色兔中有一只短毛多绒的后代兔，绒毛褪换后出现一身漂亮的红棕色短毛；与此同时，在另一窝兔中又出现了一只异性个体。后来一位名叫吉利的神父买下了全部突变兔，经几代选育，扩群繁殖，逐渐自成一系。因这种兔子绒毛短而整齐，戗毛不露出绒面，显得异常漂亮，故命名为“Rex rabbit”，即“兔中之王”的意思。

1924 年，獭兔首次在法国巴黎国际獭兔博览会上展出，得到了养兔界人士的高度评价，成为当时最受欢迎的新品种之一，从而迅速流传到世界各地。20 世纪 30 年代后，英国、德国、日本和美国等国家相继引入饲养，并培育出许多其他色型的獭兔。

一、国内外獭兔生产概况

（一）国外獭兔生产概况

法国是养殖獭兔最早和饲养数量最多的国家之一，是目前世界上最主要的兔皮生产国，年产兔皮1亿张左右。在法国的养兔生产中，农户饲养仍占主要地位，但集约化工厂式养兔在迅速发展。养兔生产者的代表机构，最高一级有法国养兔业联合会，规定凡参加联合会的农户至少饲养母兔20只；另外还有法国养兔科学协会，由生产、科技、教学人员成，主要研究种兔选育、饲养技术及兔病防治等问题。这样的组织与科研水平值得我国借鉴和学习。

德国是继法国之后培育出獭兔的另一个国家，从事选育工作的是养兔学家拉贝克。他选用一只黑色公兔与灰色母兔配种，结果获得两只褐色獭兔。英国与日本是引养獭兔较早的国家，哈瓦那獭兔就是英国育成的一个著名品系。此后，新西兰和澳大利亚也相继引进饲养，新西兰还育成了一种名为“帝王”的獭兔品系。

美国是目前世界上饲养獭兔数量较多、质量较好的国家之一。据报道，目前美国有各种类型的兔场1 500余个，绝大多数为业余爱好者所有，其中商业性兔场200余个，以种兔和生皮出口为主。

此外，近年来不少国家如韩国、加拿大、墨西哥、秘鲁等也相继从美国引种饲养獭兔。

（二）国内獭兔生产概况

为了振兴我国的獭兔生产，1980年，中国土产畜产进出口总公司从美国引进獭兔2 000余只；1984年，农业部从美国引进獭兔800只；1986年，中国土产畜产进出口总公司又接受美国国泰裘皮公司赠送獭兔300只；此后，浙江、四川等地又陆续引进种兔600余只。至此，全国已引进獭兔种兔近4 000只，已普及到全国各地。2015年，我国存栏獭兔2 000万只，年产獭兔皮1 500万张，主要分布在华北、华东、东北等地，四川、山西等地獭兔产业发展尤为迅速。

二、獭兔市场前景

据联合国粮食及农业组织调查，在64个发展中国家中，70%的国家认为家兔将成为今后的主要食物来源和抗寒毛皮制品的“仓库”。同时，由于廉价的羊皮生产量有限且以皮革原料皮为主，而貂皮、银狐皮等高档毛皮皮量少而贵，故中档的獭兔皮能起到很好的衔接与补充作用。因此，獭兔裘皮制品将成为最受欢迎的毛皮产品之一。国外对优质獭兔皮的需要量很大，主要市场在欧洲、美洲、东南亚及我国港澳等地区。欧洲毛皮加工业中兔皮占60%，原料皮需要量很大。法国獭兔皮有60%出口到比利时、巴西、美国、西班牙、英国、日本和韩国等地。美国既是獭兔皮的进口国，也是出口国，随国内消费情况而定，其出口国主要是韩国。我国香港是兔裘皮大衣的制造地，销售到世界各地；近年来也生产皮褥子及其他产品。

三、我国獭兔生产存在的问题及对策

（一）存在的问题

近几年来，经过广大獭兔饲养及其加工人员的努力，我国獭兔生产已取得的成绩虽是有目共睹的，但在我国獭兔生产快速发展的过程中，同时也存在诸多问题，对于獭兔来说，最突出表现是种兔质量和獭兔皮张质量不佳的问题。其中，主要表现如下：

1. 科技含量低、种兔退化严重 虽然我国獭兔饲养总数量比较多，但规模化饲养方式普及率低；饲养及其加工设备设施现代化、自动化程度低；饲养品种品系生产性能和良种化程度低；饲养管理技术水平低；先进的獭兔繁殖技术应用率低；饲养环境控制机械化、标准化程度低；疫病防治程序化、无公害化技术水平低。特别是小规模的家庭养兔仍以较原始粗放的饲养方式为主，栏舍阴暗潮湿，饲料单一。

种獭兔在饲养过程中品种退化严重的主要原因归结为重引种轻培育、重繁殖轻饲养和科学养兔技术普及不够。具体表现在獭兔毛色混杂和体型变小。国内不少种兔场的种兔毛色普遍不纯，如黑色獭兔带有白色杂毛或变成胡麻色，红色獭兔变成土黄色，蓝色獭兔变成灰色，海狸色獭兔的腹部乳白色扩展到体侧部位；獭兔体重仅为2.5～3千克，母兔年均育成幼兔10只左右。

2. 商品兔皮量少质差 据估测，目前全国商品兔仅占饲养量的66%，出口原皮量仅占生产量的75%。现有商品兔皮质量从整体上好于20世纪80年代初，但不同省份差异较大，在几个主产区测定的甲乙级皮比例，江苏为78.7%，黑龙江为65.7%，四川仅为9.3%；与美国引进的原种獭兔比较差异更大。獭兔皮质量问题主要表现为绒毛显粗，尤其是臀部和腹侧；部分皮密度仅为10 000根/厘米^2，低于标准要求的15 000～18 000根/厘米^2；整张皮被毛平齐度差，如有鸡啄状、背侧部毛长短不一致等；板质粗硬厚重或较薄，似牛皮纸；皮张皱缩干硬，边缘内卷等。造成皮质差的主要原因归结为种兔退化、饲养粗放、老弱病残兔取皮和宰杀剥皮技术差等。

3. 经营管理混乱 我国獭兔经营与开发的主要形式是

群众自繁自养或倒种繁殖饲养，其饲养管理条件粗放，缺乏科学的育种技术，加之经营思想不端正，以致种兔近亲交配比较严重，品种退化，生产和市场非常混乱。如不少地方出现倒种公司和以卖种赢利的个体户，有的以高价回收为诱饵而不执行回收合同等，造成獭兔生产误入“倒种怪圈”。在某些地区，虽然做了一些跨地区联合开发、产销一体化开发等模式的探索与实践，但因市场开拓不力、产销环节配合不紧密、组织松散而责权利不清等原因而导致经营效果差而倒闭。

4. 综合开发滞后，产品单一 目前，我国的獭兔产品仍以初级产品形式销售为主，花色品种少，对市场的适应能力和引导能力较差。大量的兔副产品包括兔肉等尚未被充分开发，明显影响獭兔业的增值增效。獭兔业要发展和增效，必须搞深加工。因此，利用高新技术，进行獭兔皮张、兔肉全方位深加工，特别是兔副产品的深加工，是中国兔业发展的重点、难点和瓶颈，也是未来兔业投资的热点之一。

（二）发展我国獭兔养殖应采取的对策

1. 遵循市场规律，把握市场行情 从国内毛皮动物养殖来看，国内整个毛皮动物市场大致经历了1989、1991、1998、2003、2007年的几次大低迷期，从2008年至2009年上半年开始慢慢恢复，2010年10月开始转暖。獭兔属于毛皮动物市场上的重要组成部分，在市场上，獭兔皮的价格变化周期是3～5年，2010年达到历史最高时期，这也符合整个皮毛行业的周期变化。投资獭兔养殖必须认清这个规律，最少坚持养殖5年，在投资养殖獭兔以前就应该清楚地认识到风险，有价格的高峰就有价格的低谷，能否坚持住是能否成功的决定性因素。

2. 提倡规模化饲养，提高科技管理水平 目前，就我国养兔业现状而言，发展獭兔生产的规模要适宜，农户一般以饲养种兔30～50只为宜，专业性小型养兔场规模以饲养种兔100～300只为宜，中型养兔场以500～800只为宜，大型养兔场以1 000～2 000只为宜。饲养规模过小，经济效益不高；饲养规模过大，如果资金、人力、物力条件达不到要求，饲养管理水平粗放，良好的生产潜力就不能充分发挥，不仅效益低，而且容易诱发多种疾病，造成经济损失。

提高养殖者的科技水平是确保獭兔养殖业健康发展的重要保障。在许多发展区域性规模饲养獭兔的地区，无论是政府部门还是龙头企业，都逐渐把建立技术服务体系作为重要的基础设施来建设，并取得较好的成效。从趋势上看，将要推广普及的技术主要有颗粒饲料及饲料添加剂系列化生产技术、笼养笼育饲养工艺、间歇性频密繁殖技术、适时适龄宰杀取皮、皮肉兼用兔培育方法及应用、疾病综合防治技术等。

3. 普及科学养兔知识，防止品种退化 要提高獭兔的生产水平，必须普及科学养兔知识，采用科学手段和先进技术，尤其是獭兔良种选育、杂交组合、饲料搭配、饲养管理和疾病防治等科技知识，实行标准化、科学化饲养，从而达到优质、高产、高效的目的。

4. 开展产品综合开发利用，提高经济效益 加工销售是獭兔产业化发展和适应市场需要的前提，对獭兔生产有至关重要的作用。近年来，以销促产、以销定产已成为发展獭兔生产的基本原则，也给地方相关产业的发展带来机遇，出现了某些地区产销两旺的良好势头。

獭兔的主要产品有兔皮、兔肉、兔粪和内脏。为了巩固和发展我国养兔业，有关部门应注意兔产品的综合开发利用，以适应市场的需要。獭兔业除用于满足国内外毛皮交易市场的需要之外，必须立足于国内市场的开发和综合加工利用，对兔肉、兔粪和兔的内脏要进行深度加工，综合利用，增值增效。

第二章

獭兔场建设

第一节　獭兔场场址选择

獭兔场是养獭兔的场所，在獭兔引种之前首先应建设好兔场和兔舍。良好的獭兔场环境对养好獭兔十分重要。獭兔场设计与建造要适应獭兔的生物学特性，只有创造适宜的环境条件，才能使獭兔生长快、患病少、产仔多、成活率高。

一、自然条件

1. 地势　兔场应选在高燥、排水良好、向阳背风的地方建设。山区建场应选平缓的坡地，背北风、向阳，建筑区坡度约3%为宜。不选断层、滑坡、塌方的地段，避开坡底、长形谷地及风口。

2. 地形　开阔、整齐、紧凑，便于布局，缩短道路和管线长度，节约投资，方便管理。充分利用林带、山岭、河川、沟渠作为隔离屏障。

占地面积根据兔场的经营方向、生产特点、饲养管理方式、规模来确定。

3. 水源 兔场需要生活用水与生产用水。生产用水包括獭兔的饮水；饲料的调制，粪尿的冲刷，用具及笼舍的洗涤、消毒，饲草饲料的种植、绿化，消防等用水等；还应考虑未来发展的需要。作为兔场的水源应符合下列要求：①水量充足。生活和生产用水都不能间断，特旱年份也要有保障，抽水机、电源、水池、水管要有备份。②水质好。符合各种用途的国家标准，还要调查当地是否存在与水有关的地方性疾病等。③取用方便。设备投资要少。④便于管理。不受污染，免遭破坏。

4. 土壤质地 土壤的理化特性与场区的空气、水质及植被有关，影响建筑物的质量、土层的净化作用。

兔场的土壤最好是沙壤土。透气、透水性强，毛细管作用弱，吸湿、导热性小，质地均匀，抗压、自净能力强。不同的土壤条件，兔舍的设计、施工、使用、日常管理有所不同。

5. 气候 严寒地区，兔舍需要保暖、增温，保证必要的通风。炎热地区，需要降温。“四季如春”的地区，兔舍成本低。

二、社会条件

1. 隔离 獭兔场与居民区、风景区、公路、水源区、其他养殖场及各种功能区，需要保持合理距离，保证不相互影响。具体要求参考相关标准，如小型兔场应离村庄500米以上。

2. 电力 獭兔场的耗电量与机械化程度有关，如仔兔供暖、机械通风、自动供料、自动清粪、照明、空调、饲料加工、供水设备、生活用电等。有可靠的电网，还需自备发电机等应激设备。普通兔场的耗电量，每只种兔为3～4.5瓦，商品兔为2.5～3瓦。

3. 交通 獭兔场要求交通便利，保证原材料和产品的运输。距一、二级公路和铁路300～500米，三级公路150～200米，四级公路（县级和地方公路）不少于100米，乡村牧道300米以上。

4. 排污 现代养兔，兔粪、兔尿均100％被利用，清洁卫生用水经处理达标后才能排放，保证不造成地下水与地表水的污染，也不能受到周围环境的污染。

第二节 獭兔场分区规划

一、分区规划

职工生活区应占全场地势较高的地段和上风处，免受饲料粉尘、粪便气味和其他废弃物的影响；其次为管理区、生产区；粪便处理区设在地势最低地段和下风处。

二、兔场布局

1. 按防疫需要和功能布局 联系密切的建筑设施相互靠近，建筑物之间，保证最短的运输、供电、供水线路。饲料库、饲料加工调制间，尽量靠近或集中在一个或几个建筑内，靠近消耗饲料最多的兔舍，便于流水作业、实现生产过程的机械化。粪尿处理场与每栋兔舍都有联系，净道和污道互不交叉（图2-1）。

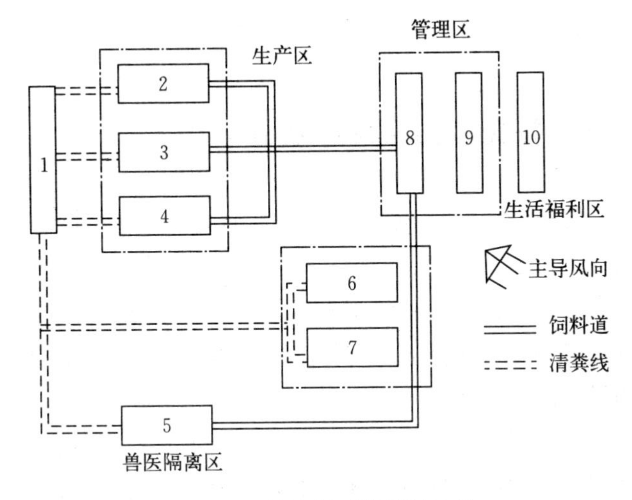

图 2-1　某兔场区域规划示意

1. 粪污处理　2. 幼兔舍　3. 育成舍　4. 繁殖舍　5. 病兔舍　6. 母兔舍　7. 公兔舍　8. 饲料加工区　9. 料库　10. 办公生活区

2. 兔舍的间距　综合防疫、防火、排污、通风和采光等因素，合理安排。不同项目，要求与兔舍高度的比值各有不同：防疫间距 5H（H 为檐高）、排污间距 3H、防火间距 2～3H、日照间距 1.5～2H。综合考虑，取 3～5H 的间距即可满足。

3. 兔舍朝向　据各地的太阳辐射和主风向而定，可参考民用建筑的朝向，结合地形、地势、地方性小气候等综合考虑。

第三节　獭兔舍建筑

獭兔舍的建筑类型形式多样，各有特点，根据当地气候、环境、经济条件、生产水平、饲养管理方式及生产方向而定。

一、按兔舍封密程度划分

1. 封闭舍　四周有墙，上有屋顶，依靠于门、窗、管道通风。优点：保温、隔热，便于舍内环境控制和管理，可防兽害。缺点：建筑、使用成本高。注意：需要完好的通风条件，冬季要解决好通风与保温的矛盾。封闭舍是目前我国应用最多的一种。

2. 开放式兔舍　三面有墙，上有屋顶，正面（向阳面）敞开或设有丝网。优点：通风好，有利于采光，管理方便，造价较低。缺点：舍内温度随外界气温变化，不利于防兽害。适于较温暖的地区。

3. 半开放式兔舍　三面有墙，上有屋顶，正面（阳面）设有半截墙。半截墙上可安装铁丝网，冬季可装塑料膜，夏季在后墙设窗户。优点：通风、采光较好有一定的防寒能力。适于冬季不太冷、夏季不太热的地区。

4. 棚式兔舍　四周无墙，用立柱支撑舍顶，仅防雨淋和部分日晒。优点：空气流动大，光照充足，结构简单，造价低。缺点：不防兽害，舍内温度变化大。适于冬季不冷、夏季不热的地区。

5. 无窗式兔舍　又称全空调兔舍。温度、湿度、通风、光照等全自动控制。优点：不受季节的影响，可充分发挥獭兔的潜力，提高饲料的转化率；可以有效控制疾病传播；便于机械化作业，降低劳动强度。缺点：建筑成本与维持费高、耗电量大，要求饲养管理水平高，必须提供全价营养的饲料。可用于价值较高的种兔饲养。

6. 组装式兔舍 在封闭舍基础之上，装活动墙壁和门窗，天热时可以局部或全部取下来，使兔舍成为半开敞式、开敞式或棚舍，冬季再安装为密闭舍。兔舍结构各部件坚固、轻便、耐用、保温隔热性能好。适于不同地区、季节，灵活方便。发达国家多应用。

二、按舍内兔笼的排列划分

1. 单列式兔舍 兔笼沿兔舍纵轴布置一列（图2-2）。门在兔舍南面，笼门朝南，兔舍北墙可开窗。兔笼与南墙之间为走道，清粪道靠北墙，南北墙距地面20厘米处留对应的通风孔。为减少舍内有害气体的产生、保持空气干燥，可把粪沟设在舍外。此种兔舍跨度小，有利于通风、采光。但不利于保温，利用率低。适于气候温暖地区。

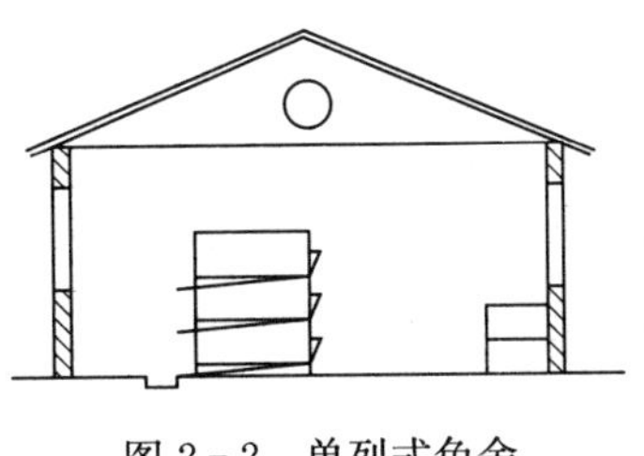

图2-2 单列式兔舍

2. 双列式兔舍 舍内兔笼沿兔舍纵轴布置两列的兔舍（图2-3）。笼在舍内布置有两种形式：①兔笼背靠背排列，粪尿沟在中间，走道靠南北墙；②粪尿沟靠南北墙，中间为走道。室内温度相对稳定，通风透光良好，兔舍利用率也高，在我国应用较普遍。

3. 多列式兔舍 沿兔舍纵轴布置三列或三列以上兔笼（图2-4），单层或双层放置，兔笼层数多，不利于通风和采光。适用于大型集约化生产的兔场。

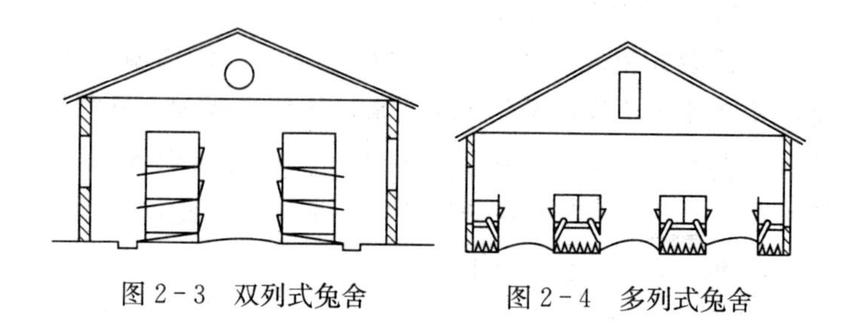

图 2-3　双列式兔舍　　　　图 2-4　多列式兔舍

第四节　养獭兔设备

目前，獭兔生产基本采取规模饲养，大多数家庭养殖规模虽小，但也已达到一定的养殖量，传统的土法养殖已不能满足需要。养兔场所需设备用具，与其生产模式、养殖规模、资金投入、人员技术等有关，各养殖场根据实际情况配备。

一、兔笼

兔笼是饲养獭兔的小环境，要求坚固耐用，便于清扫，易于消毒，结构简单，能防兽害，大小适中。

（一）兔笼的形式

1. 活动式兔笼

（1）*单层活动式兔笼*　制作简单，可随意搬移，适于少量饲养。

（2）*双联单层活动式兔笼*　两笼中间设有 V 形草架，笼门设在上方，粪尿直接落在地上，需经常清扫或铺垫垫料，定时清除。

（3）重叠式兔笼　其结构、用料及制作方法与单层兔笼基本相似，前方开门，草架和食槽装在门上，笼底用竹片制成，笼下方安装承粪板。大小、高度据兔的体型而异。这种兔笼占地面积小，便于清扫、消毒，易控制疫病，操作方便，节省人力。但上下层笼体重叠，透光性差，上下层的温度和光照不均匀。减少层数，加大走道的宽度，提高底层离地面的高度，将更有利于管理。适于小规模饲养场。

2. 固定式兔笼　常用砖、石、水泥、金属材料等制成，坚固耐用，不能随意搬动。

（1）室外固定式兔笼　笼舍合一，要求兔笼的功能要全面，既能防雨、防潮，又能防暑、防寒。覆以较大而厚的顶，遮阳防雨雪。笼底部距地面约 40 厘米，笼门不宜过大，笼壁坚固。种母兔笼内还可设产仔室。可建单层，也可建 2～3 层。适于气候温暖、干燥地区家庭养兔。

（2）室内固定式兔笼　一般建成 1～3 层，也有 4 层的育肥笼，广大农村普遍采用。承粪板、侧壁及后壁多用水泥预制板，笼底、笼门多冷拔丝。这种兔笼通风好，占地面积少，管理方便。但粪尿沟设在室内，需加强通风。

3. 室内金属笼

（1）平列式兔笼　兔笼全部排列在一个平面上，门多开在笼顶，支架支撑或悬挂在舍顶上（图 2－5）。粪尿集中笼下的粪尿沟内，人工或机械清除。这种兔笼劳动效率高，环境卫生、透光性好，便于机械化操作。但饲养密度小，兔舍的利用率低，一次性投入较高。适于饲养种母兔。

（2）半阶梯式兔笼　上下层兔笼部分重叠，仅重叠处设承粪板。较全阶梯式饲养密度大，兔舍利用率高，既便于手工操作，又适于机械化操作（图 2－6）。

图 2-5　平列悬挂式兔笼

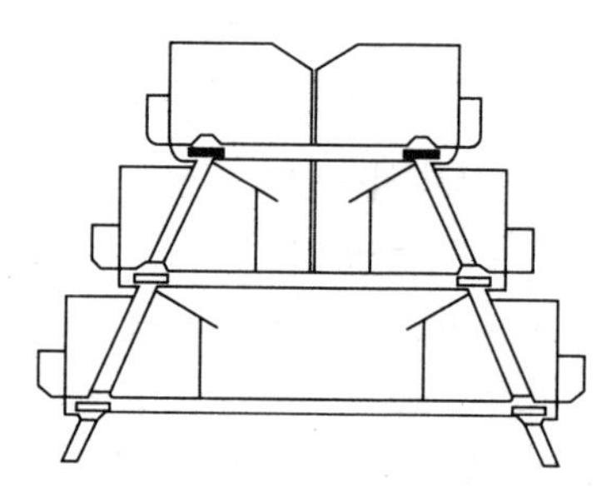

图 2-6　三层半阶梯式兔笼

（3）全阶梯式兔笼　上下层笼体完全错开，不需设承粪板，粪便污水直接落入笼下的粪沟内。因层间兔笼完全错开，层间纵向距离加大，上层笼的管理不方便。同时，清粪也较困难。但饲养密度较平列式高，兔舍利用率高。最适于二层排列和机械化管理（图 2-7）。

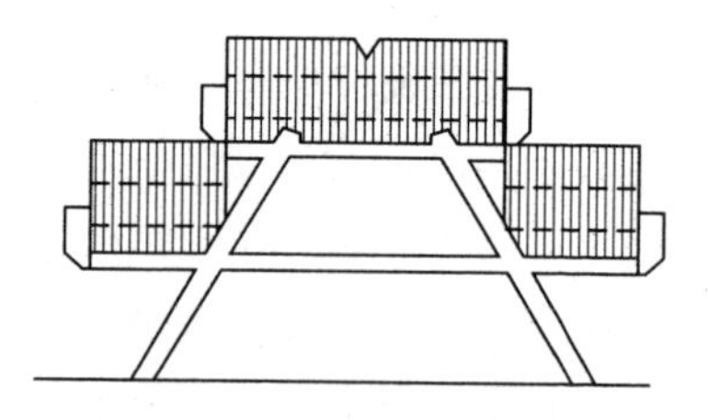

图 2-7　全阶梯式双层兔笼

（4）重叠式兔笼　上下层笼体完全重叠在一个垂直面

上，层间设承粪板，可安装除粪机，也可用皮带输送机将粪尿集中粪槽中。一般可叠放2～4层。这种兔笼兔舍的利用率高，单位面积饲养密度大，便于机械化操作，是目前大多数养兔场所普遍使用的一种兔笼。但舍内通风性差，上下层兔笼温度和光照不均匀。

（二）兔笼的大小

兔笼规格大小，因品种、性别和环境条件而异，一般以獭兔能在笼内自动活动为原则。一般而言，商品兔笼宜小些，繁殖种兔笼宜大些；中小型品种兔笼小些，大型品种兔笼应大些；炎热地区宜大些，寒冷地区宜小些。按兔的体长核计，标准笼宽为兔体长的1.5～2倍，笼深为体长的1.1～1.3倍，笼高为体长的0.8～1.2倍。

（三）笼底板

笼底板是兔笼最重要的部分，如间距太大或表面有毛刺，易造成獭兔骨折和脚皮炎的发生。笼底板一般采用竹片、镀锌钢丝、硬质塑料制成。订制笼底板用的竹片要光滑，竹片宽2.2～2.5厘米，厚0.7～0.8厘米，竹片间距1～1.2厘米，竹片方向应与笼门垂直；大型兔要求竹片要宽、平，以增加接触面积；2千克以内的幼兔，可用冷拔丝；新型塑料笼底板美观、安全、卫生、使用方便、寿命长，兔子不易生病等。笼底板要便于獭兔行走，可安装成可拆卸的，便于定期取下冲洗、消毒。

（四）承粪板

水泥预制板、塑料或橡胶板片、金属板等均可，要防漏、耐腐蚀。在多层兔笼中，上层承粪板即下层兔笼的笼顶，为避免上层兔笼的粪尿、污水溅污下层兔笼，承粪板应向笼体前面伸出12～15厘米（大于料槽的厚度2厘米左右），后面伸出5～10厘米；坡度为15°左右，以便粪尿清洁。

二、产仔箱

产仔箱是母兔产仔的环境，也是哺育仔兔的场所。产仔箱的形状、大小、箱内垫料及设置位置等都对仔兔的生长发育和成活率有一定影响。要求具有较好的保温性能，易清洗，不吸水，保持干燥，大小要适宜（一般箱长相当于母兔体长的70%～80%，箱宽为胸宽的1倍左右）。箱体内壁光滑，底壁略粗糙、有缝隙或开些小洞，以利通风、排尿。产箱内应保持光线暗淡、安静、防风、防寒和一定的透气性。产箱具有一定的高度，既要防止仔兔外爬，又要便于母兔出入。出口处高度以10～12厘米为宜。生产中使用较多的产箱类型有以下几种。

1. 平口产箱 一般为木制，无顶盖，上口呈水平，箱底设小孔。一般长40厘米、宽26厘米、高13厘米。适于小规模兔场人工定时辅助哺乳。

2. 月牙口形产箱 产箱的形状与平口产箱基本相同，在侧壁前方上部设有月牙形缺口，仔兔20日龄前，将月牙口朝向笼壁，以防仔兔离窝。箱长35厘米、宽30厘米、高28厘米，月牙弧弯高12厘米，顶部设6厘米宽的挡板。此种产箱有木制、塑料和金属制等，以木制为主，在我国各地应用较普遍。

3. 供暖产箱 在箱底设置电热板或电褥子。寒冷季节供暖，梅雨季节降低湿度，可提高仔兔的成活率。

4. 外挂式产箱 多采用保温性能好的发泡塑料或轻质金属等材料制作。悬挂于兔笼的前壁笼门上，与兔笼接触的一侧留有一个大小适中的缺口，其底部刚好与笼底板齐平。产仔箱上方加盖一块活动盖板。这类产仔箱不占笼内面积，管理方便。

三、饮水器

1. 瓶式饮水器 将瓶倒扣在饮水槽上，瓶口与槽底间保持适当高差，槽中的水水位下降，空气随即进入瓶中，水流入槽中，保持水位，直至将瓶中水饮完。投资少，使用方便，不漏水。但需每日换水，工作量大。适合小型兔场。

2. 自动饮水器 有乳头式和鸭嘴式两种。可减少人工换水工作，有利于兔舍内地面的干燥，确保供水的新鲜、干净，避免外界污染，减少用水量。使用乳头式饮水器时，其安装高度以獭兔自然抬头饮水、向下倾斜度10°左右为宜。如遇漏水，用手指反复按压活塞，排除异物或检修。对无法修理、滴漏不止的要及时更换。水管壁应选择黑色，确保不长青苔。

3. 水钵 小型兔场或家庭养兔可用瓷碗或瓷钵，清洗、消毒方便，经济实用。但每次换水要开启笼门，水钵容易翻倒，且易被獭兔的粪尿污染。

四、料槽

料槽具备应结构简单、方便采食、坚固耐啃、便于清洗消毒、防扒等特点。

1. 简易料槽 多用竹制、水泥、陶瓷、木板、铁板等材料制成，主要用于家庭和小规模兔场。

（1）料水两用钵 陶制、浇制或烧制均可，口径 12～16 厘米，高 6～8 厘米，底部直径大于口径，以防扒料和翻料。制作简单，原料来源广，成本低，可作料槽，也可作水钵。适于小型兔场。

（2）群兔饲槽 以木板、水泥、铁板制成，或以粗竹筒劈成两半，除去节，两端各钉长方形木片，放置于运动场上或兔笼内。可长可短，宽 8～12 厘米，高 7～10 厘米。结构简单，便于制作，成本低，但容易扒食和污染。应定时投料，及时清洗。

2. 节料饲槽 投料口在笼外，采食口在笼内，两口间仅留 2 厘米的缝，饲料随采食降落，可减少污染及扒食浪费。

3. 贮料饲槽 在节料饲槽上加大贮料仓，兼贮料功能，内贮数天甚至数周的饲料。还可以将采食口装在笼外，多用于低湿地区（季节）自由采食的兔场。

规模较大及机械化程度较高的兔场多采用自动喂料器，一般用镀锌铁皮或硬质聚乙烯塑料制成，安置于兔笼壁上。

五、草架

草架可用木条、竹片、铁丝等材料制成，安装成 V 形。栅饲式运动场上的草架，长短视兔群大小而定。可悬挂30～40 厘米高，里面放饲草，使草从网眼内漏出供兔采食，增加运动量，防止污染。

笼养兔的草架一般固定在笼门之上，也可安装在两笼之间。其规格大小根据具体情况而定（图 2 - 8）。

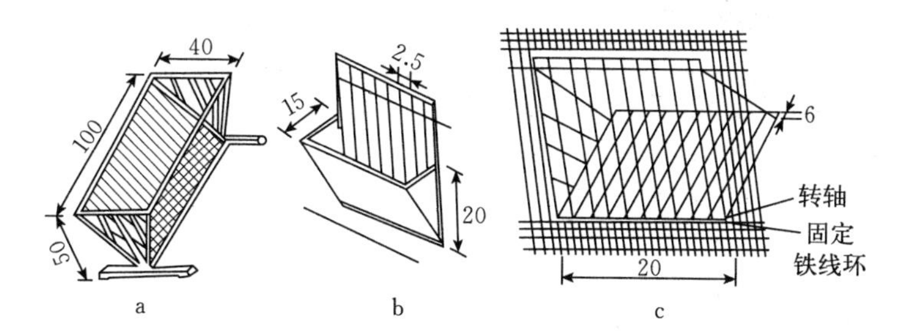

图 2 - 8　草架（单位：厘米）

a. 群兔草架　b. 固定式笼门草架　c. 翻转草架

另外，在规模化养兔场，供水、供料、清粪都已实现机械化，所以还应有自动供水系统、自动加料设备及刮粪等设备。

其他还有运输笼、喂料设备、清粪设备等，可根据需要购置。

第三章

獭兔品系选择与引种关键技术

第一节　獭兔品系选择

世界各国的獭兔均来源于法国，由于不同国家引种后在培育方法、选育方向和培育条件上各有差异，使獭兔在保持被毛基本特征相同的前提下发生了一些变化，因此世界各国又培育成很多各具特色的类群。习惯上，将从不同国家引进的獭兔称为不同的品系，如从美国引进的称为美系獭兔、从德国引进的称为德系獭兔。下面将我国目前饲养的几个引进品系和国内培育品系加以介绍。

1. 美系獭兔　是目前国内饲养较多的一个品系。由于引进的年代和地区不同，特别是国内不同獭兔场饲养管理和选育手段不同，造成美系獭兔个体差异较大。其基本特征如下：

头小嘴尖，眼大而圆，耳中等长且直立，转动灵活；颈部稍长，肉髯明显；胸部较窄，背腰略呈弓形；臀部发达，肌肉丰满。毛色类型较多，有海狸色、白色、黑色、青紫蓝色、加利福尼亚色、巧克力色、红色、蓝色、海豹色等 14 种色型。我国引进的獭兔以白色为主。据测定，成年体重平均为 3.6 千克、体长 39.6 厘米、胸围 37.2 厘米、耳长

10.4 厘米、耳宽 5.9 厘米、头长 10.4 厘米、头宽 11.5 厘米。繁殖力较高，年可繁殖 4～6 胎，胎均产仔 8.7 只。母兔泌乳力较强，母性好，仔兔 30 天断乳，个体重 400～550 克，5 月龄时达 2.5 千克以上。美系獭兔的被毛品质好，粗毛率低，被毛密度较大，5 月龄商品兔的被毛密度（背中部）在 1.3 万根/厘米^2 左右，最高可达 1.8 万根/厘米^2 以上。

与其他品系比较，美系獭兔的适应性好，抗病力强，容易饲养。但由于引进的年代和地区不同，饲养管理和选育水平有很大差异，致使群体参差不齐，平均体重较小，品种退化较严重，应引起足够重视。

2. 德系獭兔 是 1997 年北京某公司从德国引进，投放在河北饲养。目前在北京、河北、四川、浙江等地均有饲养。

德系獭兔具有体型大、生长速度快和被毛密度大的特点。成年体重平均为 4.1 千克、体长 41.7 厘米、胸围 38.9 厘米、耳长 1.1 厘米、耳宽 6.4 厘米、头长 10.8 厘米、头宽 11.2 厘米。体重与体长高于同条件下饲养的美系獭兔。

由于德系獭兔的引进时间较短，其适应性不如美系獭兔好，繁殖率较低。但作为父本与美系獭兔杂交，优势明显。

3. 法系獭兔 于 1998 年从法国引进。体型较大，体长较长，胸宽深，背宽平，四肢粗壮。头圆颈粗，嘴巴平齐，无明显肉，耳朵短，耳壳厚，呈 V 形竖立，眉须弯曲。毛色有黑、白、蓝 3 个色型，被毛浓密平齐，分布均匀，粗毛比例小，毛纤维长 1.6～1.8 厘米。成年平均体重 4.9 千克、体长 54 厘米、胸围 41 厘米、耳长 11.5 厘米、耳宽 6.2 厘米。生长发育快，100 日龄体重可达 2.5 千克，150 日龄平均达到3.8千克。繁殖力强，母兔初配年龄为5月龄，公兔为6月龄，每胎平均产仔7～8只，多者达14只。母兔的母性良好，护仔能力强，泌乳量大。法系獭兔5～5.5月龄出栏，体重可达3.8～4.2千克，皮张面积1 333厘米^{2}以上，被毛质量好，95%以上能达到一级皮标准。

在毛长、头长、头宽、体长、胸围、耳长、背毛密度、臀毛密度、脚毛密度和体重指标中，美系獭兔仅脚毛密度性状优于法系和德系，其余10个性状表现较差；法系獭兔的背毛密度和臀毛密度两个重要性状表现最好；德系獭兔的毛长、头长、头宽、体长、胸围、耳长、耳宽、脚毛密度和体重性状表现最优。在受胎率、窝平均产仔数（只）、窝平均产活仔数（只）、仔兔成活率、仔兔平均初生体重（千克）、断奶成活率指标中，美系獭兔分别为86.76%、8.08、7.73、95.71%、44.73、89.55%，法系分别为76.67%、7.70、7.21、94.92%、4.21、88.3%，德系獭兔分别为73.33%、7.32、6.36、87.34%、49.55、78.57%。美系獭兔的窝平均产仔数、窝平均产活仔数、仔兔成活率和断奶成活率均显著高于法系和德系獭兔，仔兔初生体重以德系最高，与其他两系比较差异显著。三品系受胎率差异不显著。

4. 四川白獭兔 是四川草原研究所于2002年育成的，是繁殖性能强、毛皮品质好、早期生长快、遗传性能稳定的新品系。该品系獭兔全身白色，色泽光亮，被毛丰厚，无旋毛。眼睛呈粉红色。体格匀称、结实，肌肉丰满，臀部发达。头型中等，公兔头较母兔的大，双耳直立，脚掌毛厚。成年体重3.5～4.5千克，体长和胸围分别为44.5厘米和30厘米左右，被毛密度2.3万根/厘米^2，毛长16～18毫米，属中型兔，8周龄体重（1.27±0.10）千克。22周龄体重（3，04±0.26）千克，体长（43.39±2.24）厘米，胸围（26.57±1.29）厘米。6～8周龄日增重（29.85±3.619）克，8～13周龄日增重（24.71±1.10）克，13～22周龄日增重（16.10±1.19）克，22～26周龄日增重（9.57±1.4）克。

4～5月龄性成熟，6～7月龄体成熟，初配月龄母兔为6月龄，公兔为7月龄。种兔利用年限为2.5～3年。窝产仔数（7.29±0.89）只、产活仔数（7.10±0.85）只、受孕率（81.80±5.84）%、初生窝重（385.98±41.74）克。3周龄窝重（2 061.40±210.82）克，6周龄窝重（4 493.48±520.70）克。断奶成活率（94.03±10.10）%，22周龄生皮面积（1 132.83±89.45）厘米^2、密度（22 935±2 737）根/厘米^2、细度（16.78±0.94）微米、毛长（17.46±1.09）毫米、皮肤厚度（1.69±0.27）毫米、抗张强度（13.74±4.13）牛/毫米、撕裂强度（33±6.75）牛/毫米^2、负荷伸长率（34±3.52）%、收缩温度（87.3±12.67）℃，22周龄半净膛屠宰率（58.86±5.42）%、全净膛屠宰率（56.39±4.07）%、净肉率（76.24±4.07）%、肉骨比3.21±0.99。

在农村饲养条件下，四川白獭兔平均胎产仔7.3只，泌乳力达1 658克，仔兔断奶成活率89.3%，13周龄体重1.79千克，毛皮合格率84.6%，具有较好的适应性和良好的生产性能。利用该品系公兔改良其他品种獭兔，仔兔断奶成活率可提高3.6%，成年体重增加14%，毛皮合格率提高18%。改良效果显著，适合广大农村养殖，具有广阔的应用前景。

5. Vc－Ⅰ、Ⅱ系獭兔　是中国人民解放军军需大学以日本大耳白兔为母本、加利福尼亚獭兔为父本进行杂交选育而成的，是繁殖性能高、生长速度快、体型大、生产性能稳定的新品系。平均窝产仔数、平均初生窝重、平均断乳个体重、断乳成活率，Ⅰ系獭兔分别为 7.32 只、351.23 克、861.3 克、94.5%；Ⅱ系獭兔分别为 6.95 只、368.15 克、894.14 克、95.13%。5 月龄平均体重、体长、胸围Ⅰ系獭兔分别为 2 885.24 克、47.98 厘米 26.15 厘米；Ⅱ系为 3 087.59克、50.41 厘米、27.47 厘米。性成熟为 3.5 月龄。

第二节　獭兔色型标准

獭兔的色型是区别不同獭兔品系的重要标志，也是选种时必须考虑的一个重要因素，同时还是鉴定獭兔毛色和商品价值的主要标准。目前獭兔色型大体上可分为深色、野鼠色、本色、碎花色四大类。目前公认的有 28 余种。下面简要介绍以下几种。

1. 白色獭兔　全身被毛洁白，没有任何污点或杂色毛，是一种较珍贵的毛色类型，在毛皮市场上很受欢迎。其眼睛呈粉红色，爪为白色或玉色。凡獭兔被毛带黄色、锈色或带有其他杂毛者，都属于缺陷。

2. 黑色獭兔　全身被毛纯黑，不带其他颜色。眼睛呈黑褐色，爪为暗色。凡被毛带褐色、棕色、锈色、白色斑点或杂毛者，均属缺陷。

3. 红色獭兔　全身被毛呈深红色，一般背部颜色深于体侧部，腹部毛色较浅，其中理想的毛色为暗红色。眼睛呈褐色或棕色，爪为暗色。凡腹部毛色过浅或有锈色、杂色与带白斑纹者，均属缺陷。

4. 蓝色獭兔　全身布满纯蓝色的被毛，每根毛从基部到毛尖部都是蓝色，不出现白毛尖，不褪色，没有铁锈色，粗毛也是蓝色。眼睛呈蓝色或暗蓝灰色，爪为暗色。凡有褪色或陈旧毛色，以及粗毛为白色者，均属缺陷。

5. 青紫蓝色　一般生长发育良好，其毛皮质地与色型尤其像毛丝鼠的皮毛。该兔肉用型能也较好，体型大，肉质良好。该兔的毛基部为石蓝色，其色带比中部宽，毛中间部为珍珠灰色，毛尖部为黑色。被毛有丝光，颈、腹部毛比体躯毛色均略浅些；体躯两侧的毛一致，腹下部毛为白色或浅蓝色，眼周围毛色为珍珠灰色。眼睛呈棕色、蓝色或灰色，爪为暗色。凡被毛带锈色、淡黄色、白色或胡椒色，毛尖部毛色过深或四肢带斑纹者，均属缺陷。

6. 加利福尼亚色獭兔　全身被毛除鼻端两耳、四肢下部及尾为黑色外，其余部位均为白色，即一般所称的“八点黑”。其黑白界限明显，色泽协调，布局匀称，毛绒厚密而柔软。眼睛呈粉红色，爪为暗色。凡在鼻端、两耳、四肢及尾部无典型黑色毛或在黑色毛中掺有白色斑点或杂色者，均属缺陷。

7. 海狸色獭兔　是獭兔的原种色型，已有60多年的历史，遗传性能比较稳定。该獭兔全身被毛为红棕色，背部毛色较深，体侧部颜色较浅，腹部为淡黄色或白色，这也是标准毛色之一。毛纤维的基部为瓦蓝色，中段呈深橙或黑褐色，毛尖部略带黑色。眼睛呈棕色，爪为暗色。凡被毛呈灰色，毛尖过黑或带白色、胡椒色，前肢有杂色或斑纹者，均属缺陷。

8. 巧克力色獭兔　由于兔毛颜色很像古巴雪茄烟的颜色，因此也称为哈瓦那獭兔。该品种兔背部被毛为巧克力样的栗色，两侧稍浅，腹下为白色，眼睛呈棕褐色。凡被毛带锈色或出现褐色与黑色，或被毛带有白斑，戗毛为白色者，均属缺陷。

9. 海豹色獭兔 全身被毛为黑色或深褐色，类似海豹的色泽。其体侧、胸腹部毛色较浅，毛尖部略呈灰白色；体躯主要部位的毛纤维色泽一致，从基部至毛尖均为墨黑色，从颈部至尾部为黯黑色。眼睛呈黯黑或棕黑色，爪为暗色。凡被毛呈锈色或褐色，毛纤维的基部至毛尖部颜色深浅不一或带有杂色者，均属缺陷。

10. 水獭色獭兔 全身被毛呈深棕色。颈、腹部为白色，较浅，略带深灰色，腹部毛色多呈浅棕色或带乳黄色。被毛绒密，富有光泽。眼睛为深棕色。爪为淡暗色。

11. 蛋白石色獭兔 全身被毛呈蛋白石色，毛尖部的颜色为浓蓝色，在体躯两侧特别明显，毛的中间部为金褐色并与毛基部的石盘蓝色相区别。腹下部的被毛基部为蓝色，中间部分为白色或黄褐色。眼睛呈蓝色或石盘蓝色。凡被毛呈锈色或混有白色、杂色斑点，毛尖部或底毛颜色过浅者，均属缺陷。

12. 紫丁香色獭兔 培育成功的时间较短，因此数量很少。该獭兔毛色背部为黑褐色，腹部、四肢呈栗褐色，颈、耳、足等部位为褐色或黑褐色，胸部与体两侧毛色相似，多呈紫褐色。眼睛呈深褐色，爪为暗色。凡被毛呈锈色或带有污点、白斑及其他杂色毛或带色条者，均属缺陷。

13. 黑貂色獭兔 属于獭兔的润色变种，其颜色属非彩色类型，所以可和其他颜色的獭兔相配。这种色型兔的被毛短而华丽，市场售价较高，若稍带绿色光泽则价值最高。一般公兔 7 月龄开始配种，母兔 4 月龄就可繁殖。由于这种颜色很不稳定，因此，在兔群中数量较少，关键是中等褐色不易掌握，如果变成浅褐色时，可导入加利福尼亚獭兔1次。总之，必须经常注意调整，才能不断生产出标准华贵的黑貂色獭兔。毛色特征：脊背为靛黑褐色，体侧为栗褐色，头、耳、四肢、尾均为黯黑色。眼为红宝石色。出现其他杂色者，均为不合格。

第三节 引 种

一个新建兔场，要先引进种兔，通过饲养、繁殖，得到后代商品取得效益；老兔场也要经常更换血液或扩大规模；改良、培育新品种等，都需要引进种兔。

1. 做好引种准备

（1）确定引入品种　根据各獭兔品种的特点和生产性能，以及兔场的环境条件和饲养管理水平确定要引入的品种。

（2）种源调查　了解种兔场的情况，种兔来源，饲养规模，生产水平，系谱管理，育种记录，是否发生过疫情。所提供种兔的月龄、体重、性别比例，价格。尽量选择大、中型，发展前景好，长期经营，有生产种兔的资质，注重信誉，人员素质高，饲养管理条件好，经营管理规范，质量有保障的种兔场。注意避免受到炒种、倒种的蛊惑。

（3）隔离场（舍）准备　引入种兔要在隔离场暂养，隔离场（舍）要远离其他兔舍。兔舍、兔笼、用具彻底消毒，空舍15天以上。准备好充足的饲料、饲草、必备的生物制品和药品。安排责任心强、懂技术、有经验的饲养管理人员饲养、管理种兔。

（4）引种季节安排　最好在种源地和生产地气候差异小

的季节引种。寒冷地区引到温热地区，秋季为好；温热地区引到寒冷地区，春末夏初为宜。

（5）运输安排　根据种兔月龄、数量、性别比例、路程安排运输工具，准备途中需要的物资。防止拥挤、食毛、强风、高温、不通风、粪尿污染。

（6）工作部署　高度重视，精心安排，统一领导，分工明确，责任到人。

2. 选择优良种兔

（1）符合品种特性　品种特征明显，符合品种要求；发育良好，健康。

（2）生殖系统　公兔阴茎正常，睾丸发育良好，左右对称，阴囊不松弛。母兔乳头 4 对，饱满匀称。

（3）遗传资料　耳号系谱齐全，亲代和同胞的生产性能好，无遗传性疾病。个体间无亲缘关系。公兔来自不同家系。

（4）年龄选择　最好选青年兔，可塑性大，对新环境的适应性好，引种成功率高，可利用年限长，种用价值高。路程短时，选 3～4 月龄的青年兔；路程长时，选 8～10 月龄的成年兔。最好不选刚断奶的幼兔。邻近引种时，可选初配妊娠的母兔。

在缺少记录的情况下，兔的年龄可据趾爪的长短、颜色、弯曲度，牙齿的颜色和排列情况，皮板厚度等进行鉴定。通常，1 岁以下为青年兔，1～3 岁为壮年兔，3 岁以上为老年兔。

①青年兔：趾爪短细而平直，富有光泽，隐藏于脚毛中。白色兔趾爪基部呈粉红色，尖端呈白色，且红色多于白色（图 3－1）。门齿洁白，短小。皮肤紧密结实。

②壮年兔：趾爪粗细适中、平直，随着年龄增长，逐渐露出于脚毛之外。白色兔趾爪颜色白色多于红色。门齿厚而长。皮板略厚而紧密。

③老年兔：趾爪粗长，爪尖弯曲，有一半趾爪露出于脚毛之外，表面粗糙而无光泽（图 3－1b）。趾爪越长越弯者，年龄越大。门齿厚而长，呈暗黄色，时有破损。皮板厚而松弛。

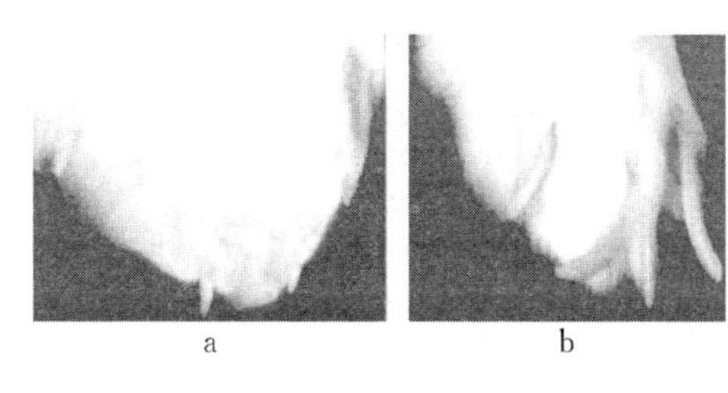

a　　　　　　b

图 3－1　兔　爪

a. 青年兔爪　b. 老年兔爪

（5）按配种比例选择　本交时肉用兔和皮用兔的公母比例为 1∶(8～10)，毛用兔为 1∶(5～6)；人工授精时公母比例为 1∶(100～200)。引种时要做好公母鉴别，以免影响生产。以下为判断公母的具体方法。

①仔、幼兔的鉴别：公兔睾丸在出生时位于腹腔内，性成熟前沿腹股沟降入阴囊。因此，性成熟前的兔需翻看生殖孔来区别公母。个体较小的幼兔和仔兔，左手抓住耳和背皮，将兔托为仰势，头向前方，右手拇指压尾根，食指放在生殖孔前方，向前按压，使生殖器官外翻；体重较大、一只手难以托起的兔子，左手托住前躯为仰势，兔头向左，右手食指与中指将尾根夹住，无名指与小指协调中指托后躯，拇指放在生殖孔前方翻生殖器官。

外翻的生殖器官呈圆柱状突起，顶部有O形尿道孔，为公兔的阴茎；突出呈V形裂缝，前高后低，延伸至皮内，为母兔的阴门（图3－2）。少数公兔的尿道口水肿、肥厚，且有外翻趋势，介于O形和V形之间，勿误认为是母兔。

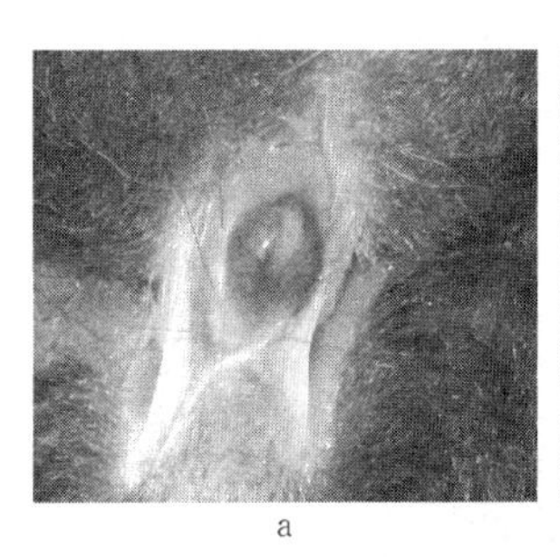

a

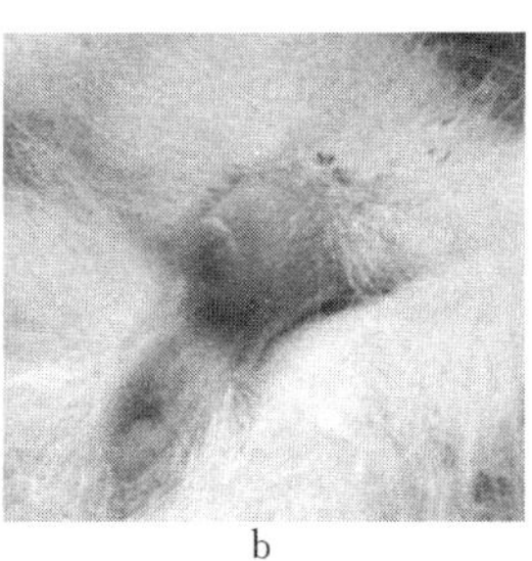

b

图3－2　仔幼兔公母鉴别

a. 母　b. 公

②青年兔、成年兔的鉴别：青年兔、成年兔已达性成熟，根据有无睾丸来判断。翻看阴茎鉴别较准确，操作方法同前，公兔可见到突出的阴茎；母兔生殖孔呈尖叶状，中间裂缝后缘与肛门接近。

3. 检疫　严格执行《中华人民共和国动物防疫法》，到国外引种时有严格的检疫程序。在国内引种，没有明确规定，需要自己作必要的安排，确保安全。要求是对需要检测的疫病进行全面检测，运输前，在种源地隔离观察一个最长的潜伏期，检测合格后进行运输。到场后，在场外隔离观察一个最长的潜伏期，检测合格后再回兔场。

引种过程中，按国家的规定认真检疫，办齐一切检疫手续和出场动物检疫合格证明，以备运输途中和日后使用。

4. 运输　种兔若运输不当，轻则掉膘，抵抗力下降，重则在途中死亡。

选择合理的运输路线、运输工具，尽量缩短运输时间。运输笼、车厢需消毒。夏季在傍晚或清晨运输，冬春季节在中午暖和时运输。

装笼前不要饲喂过饱，最好用分格的运输笼，至少公、母兔分开。运输笼应结实，通风好，便于搬动，笼底应能漏粪尿。如果堆层，两层间留足空间，有薄膜相隔。空运和火车运输时，笼底应设粪盘。装载密度，以通风良好，途中方便观察、喂养为原则。

带足途中及到场后 2 周的饲料。

运输途中，重点检查是否过热、过冷和通风不良；长途运输需适当饮水，36 小时以上还要给料。

到达目的地后，粪、尿要深埋或作无害化处理，运输所用的笼具进行彻底消毒。

5. 到场后的管理　新引回来的种兔，放入事先消毒好的隔离场（舍）内，远离原有兔群，隔离观察 1 个月，确认无病后，才能转入兔舍。隔离种兔的饲养人员不能与原兔场的饲养人员往来。

入舍后先休息，再饮水，稍后喂草料。每天饲喂次数宜多不宜少；每次喂量宜少不宜多，七成饱即可。3 天后恢复至正常喂量。开始喂的饲料需从引种场带回，再逐渐过渡为本场饲料。

给每只种兔建立档案。饲养制度、饲料种类应尽量与原供种场保持一致。

第四章 獭兔的营养与饲料配制关键技术

第一节 獭兔的消化生理和营养需要

一、獭兔的食性和消化特点

（一）獭兔的食性

1. 草食性 獭兔属于单胃草食性动物，以植物性饲料为主，主要采食植物的根、茎、叶和种子。獭兔消化系统的解剖特点决定了獭兔食性的草食性。兔的上唇纵向裂开，门齿裸露，适宜采食地面的矮草，也便于啃咬树枝、树皮和树叶；兔的门齿有6枚，上颌大门齿2枚，在大门齿后各有1枚小门齿，下颌门齿2枚，其上下颌门齿呈凿形咬合，便于切断和磨碎食物。兔的门齿与臼齿之间无犬齿，仅有较宽的齿间隙。臼齿咀嚼面宽且有横脊，适宜研磨草料。兔的盲肠极为发达，其作用相当于牛、羊等反刍动物的瘤胃。

2. 獭兔对食物的选择 獭兔对饲料的采食是比较挑剔的。

獭兔喜欢吃植物性饲料而不喜欢吃动物性饲料。考虑营养需要并兼顾适口性，配合饲料中动物性饲料所占的比例不能太大，一般应小于5%，并且要搅拌均匀。

在饲草中，獭兔喜欢吃豆料、十字花科、菊科等多叶性植物，不喜欢吃禾本科、直叶脉的植物，如稻草之类；喜欢吃植株的幼嫩部分。

獭兔喜欢吃粒料，不喜欢吃粉料。多次试验证明，在饲料配方相同的情况下，制成颗粒饲料饲喂的效果要好于湿拌饲料。因此，在生产上应积极推广应用颗粒饲料。

獭兔喜欢采食含有植物油的饲料。植物油具有芳香气味，是一种香味剂，可以吸引兔子采食，同时植物油中含有獭兔体内不能合成的必需脂肪酸，有助于脂溶性维生素的补充与吸收。国外，一般在配合好的饲料中补加2%～5%的玉米油，以改善日粮的适口性，提高獭兔的采食量和增重速度。

獭兔喜欢吃有甜味的饲料。獭兔味觉发达，通过舌背上的味蕾可以辨别饲料的味道。具有甜味的饲料适口性好，獭兔喜欢采食。国外普遍的做法是，在配合饲料中添加2%～3%的糖蜜饲料。国内目前生产糖蜜饲料的厂家很少，但可以利用糖厂的下脚料，或在配合饲料中添加0.02%～0.03%糖精。

（二）獭兔的消化特点

1. 獭兔的食粪特性　指獭兔有吃自己排出的软粪的本能行为，这是一种正常的生理现象。

通常獭兔排出两种粪便，一种是粒状的硬粪，量大、较干，表面粗糙；另一是团状的软粪，量少、质地软，表面细腻，有如涂油状，通常呈黑色。在正常情况下，獭兔排出软粪时，自然弓腰用嘴从肛门处吃掉，所以在一般情况下，很少发现软粪的存在，只有当獭兔生病时才停止食粪。獭兔的食粪特性具有重要的生理意义：

①獭兔吞食软粪，延长了饲料通过消化道的时间，使消化道对饲料中的营养物质特别是纤维素进行二次消化，提高了饲料的消化率。

②补充维生素和菌体蛋白质。软粪中含有大量的微生物和微生物合成的维生素。所以，獭兔吞食软粪，相当于摄入了一定量的菌体蛋白质和维生素。

③獭兔食粪有助于维持消化道正常的微生物区系。另外，可以减少饥饿感，在断水断料的情况下，可以维持生命1周，这一点对野生条件下的兔意义重大。

综上所述，獭兔的食粪特性不仅是一种正常的生理现象，而且对身体有益。因此，一般不要限制獭兔食粪。但是，仔兔刚出生时不食粪，生长至18～22日龄开始采食饲料后才会出现食粪现象。

2. 獭兔对饲料的利用能力

（1）对粗蛋白质的利用能力较强　能充分利用饲料中的蛋白质，包括低质量饲料中的蛋白质。獭兔具有把低质量饲料转化为优质肉品的巨大潜力。

（2）对粗脂肪的利用能力　獭兔能有效地利用饲料中的脂肪。但饲料中的脂肪若超过10%，其采食量会随着脂肪含量的增加而下降，所以不宜饲喂含脂肪过高的饲料。

（3）对能量的利用能力　獭兔对饲料中能量的利用率较低，并与饲料中纤维素的含量有关，饲料中纤维素含量越高，獭兔对能量的利用率越低。

（4）对粗纤维的利用能力　獭兔对粗纤维的利用率较低，一般为20%左右，但饲料中的纤维素具有维持獭兔消化道正常生理活动和防止肠炎的作用。如果饲料中粗纤维的含量低于一定限度，就会引起消化紊乱。因此，兔的饲料中必须添加一定量的粗纤维。

二、獭兔的营养需要

饲料中凡是被獭兔用以维持生命、生产产品和实现繁殖的物质，统称为营养物质或营养素。营养素既包含着简单的化学元素如钙、磷、镁、钠、钾、铁、锌、锰、铜等，也包含着复杂的有机化合物，如蛋白质、脂肪、碳水化合物和各种维生素等。

1. 能量 獭兔的各种生命活动都需要能量。能量主要来源于食入饲料中的碳水化合物、蛋白质和脂肪。

獭兔的能量需要根据其生理状态的不同特点，可分为维持需要和生产需要，獭兔的生产需要又可分为生长需要、妊娠需要、泌乳需要和产毛皮需要。同其他动物一样，獭兔用于维持的能量损失与代谢体重和生理状态有关。獭兔的个体较小，但其代谢旺盛，体表面积相对于大家畜要大，单位体重散热量高。因此，其基础代谢耗能较高。据测定，生长兔每千克代谢体重需要可消化能 0.92～1.004 兆焦。

不同能量水平对獭兔日增重影响均达显著或极显著水平。能量水平对獭兔屠宰率和半净膛重影响不显著，但对屠体重、水分、脂肪含量差异、全净膛和眼肌面积影响显著；能量水平对兔肉的物理性状影响很小，但对兔肉的化学成分影响很大，其中兔肉的脂肪含量有随着日粮能量水平升高而体内沉积量增大的趋势。日粮中能量含量对獭兔的采食量有调节作用，高能量有利于提高饲料的利用率，同时日粮的能量水平对獭兔的屠宰性能也有不同程度影响。饲喂消化能为10.98～11.17兆焦/千克的饲料，有利于提高青年獭兔的生长速度和饲料利用率，也有利于改善獭兔的屠宰率。在蛋白质浓度适宜的条件下，能量的含量直接影响獭兔的生长速度。断奶至3月龄的生长獭兔日粮适宜消化能水平最佳值是10.46兆焦/千克。

2. 蛋白质及氨基酸 蛋白质是一切生命的物质基础，是有机体的重要组成成分，在獭兔的生产和生理过程中具有极其重要的作用。蛋白质的缺乏不仅会影响獭兔的生长繁殖，而且会导致其皮毛品质下降。饲料蛋白质的主要营养作用是在以氨基酸的形式吸收进入体内后，用以合成獭兔自身所特有的蛋白质和其他活性物质（如激素、嘌呤、血红素、胆汁酸等）。这些功能是其他营养物质所不能代替的。

獭兔要不断地从饲料中摄入蛋白质，在消化道中分解成氨基酸而被吸收，合成獭兔自身的蛋白质，满足其不断更新、生长发育和生产的需要。已有研究表明，赖氨酸和蛋氨酸对獭兔的皮毛质量有相当重要的作用。

饲料的化学组成、饲料种类、日粮粗蛋白含量和獭兔的年龄等都会影响蛋白质的消化率。獭兔饲料中限制性氨基酸赖氨酸、蛋氨酸和苏氨酸的消化率变化范围分别为67%～81%、72%～79%和67%～77%，而且总蛋白质消化率与单一的氨基酸消化率之间呈正相关。研究表明，常规饲料中的赖氨酸、蛋氨酸和苏氨酸的消化率分别为74%、71%和63%，而獭兔对各种饲料粗蛋白的消化率也不尽相同，苜蓿干草粉、大麦、黄玉米、小麦麸分别为72%～83%、85%、84%和83%。

不同生长期的獭兔对蛋白质和氨基酸的营养需要量是不

一致的。獭兔蛋白质需要量大致为：生长需要16%，维持需要13%，妊娠需要16%，泌乳需要18%。随着日粮中粗蛋白水平的提高，獭兔的体重有明显增加，3～5月龄的全净膛屠宰率和皮张面积有随之提高而提高的趋势；通过分析表明，在蛋白质水平为16.5%～18.2%时，獭兔有较高的增重。白云峰等（2004）选择同期分娩的泌乳母兔，通过饲喂不同蛋白质水平的日粮来研究其对母兔泌乳性能、生长獭兔体重和被毛密度的影响。结果表明，随着日粮蛋白质水平的提高，母兔的泌乳量增加，仔兔的断乳成活率、断乳窝重和断乳体重提高；生长獭兔增重速度加快，被毛密度增加；因此，推测泌乳母兔和生长獭兔日粮的适宜蛋白水平为16%～17.5%。日粮蛋白质为17.4%～19.36%对生长獭兔的日增重无显著影响，这可能与蛋白质消化吸收分解成氨基酸间的平衡有关。

当獭兔赖氨酸的日采食量达到0.686克时，增重效果最佳；采食量为0.689克时，饲料转化效率最高；以平均日采食量93.71克计，饲粮赖氨酸水平为0.73%，可达到最佳生长效果。日粮中添加赖氨酸应参照獭兔饲养标准，添加量为0.2%，即每千克日粮中添加2克赖氨酸，可提高增重和饲料转化率。

3. 粗纤维 獭兔是草食动物，盲肠中有大量微生物，能很好地分解粗纤维，将其变成挥发性脂肪酸的形式吸收。与其他草食动物相比，獭兔对饲草中的粗纤维消化能力较低，但对干物质的消化率并不低，这说明獭兔对干物质中的其他养分，如粗蛋白质、粗脂肪和淀粉等的消化率要高于其他草食动物。因此，粗纤维是獭兔的必需营养物质。日粮中添加适量的粗纤维，对保证獭兔正常的生长发育和预防肠道疾病有重要作用。其生理意义在于：①青饲料中粗纤维可为獭兔提供一定营养作用；②可预防毛球病夹带作用，将獭兔吞咽下的兔毛从胃里带至肠管而排出体外；③可维持獭兔正常的消化、吸收机能，预防胃肠道疾病。

粗纤维除作为獭兔的能量来源外，还是平衡日粮组成不可缺少的成分。它调节食糜稠度，有助于硬粪形成，使消化代谢物正常蠕动排泄。粗纤维含量过低会使獭兔消化紊乱，出现腹泻和肠炎；但纤维含量过高会降低饲料的消化率。对獭兔日粮粗纤维的推荐量：生长需要10%～20%、妊娠需要10%～20%、泌乳需要10%～12%、维持需要14%。

大量试验表明，生长兔粗纤维含量超过15%时，生长率下降。当粗纤维水平由12%增加到16%时，饲料转化率相应下降了31.7%。随着日粮中粗纤维增加，干物质、有机物、能量、无氮浸出物和纤维素的表现消化率均下降。粗纤维在10%～13%时每增加1%，能量消化率下降1.50%～4.55%。在能量和粗蛋白质适宜的条件下，粗纤维含量为10%～14%时，随着粗纤维含量的增加，獭兔腹泻病的发生率和死亡率降低。

日粮纤维品质对生产性能的影响，随着日粮中木质素/纤维素的下降，獭兔采食量、日增重显著下降，而死亡率和发病率则显著升高；当粗纤维含量适宜时，每天采食大约6克的木质素能保证獭兔有较理想的生长性能和健康状况。

日粮纤维虽能够提供一定量的能量，增加动物的采食量，保持正常的消化生理，但过多的粗纤维可影响动物对其他营养成分的消化、降低生产性能。因此，在饲喂过程中要保持一定的饲喂度，即适宜的日粮纤维水平。

4. 脂肪 是组成兔体组织的重要成分，具有供能、贮能的作用，可以为獭兔提供必需脂肪酸，是脂溶性维生素及激素的溶剂。

饲料中加入 2%～5%脂肪，有助于提高适口性，增加采食量，对獭兔生长有促进作用。若饲料中脂肪不足将影响其适口性，导致獭兔发育不良、体消瘦、脂溶性维生素缺乏、公兔精子发育不良、母兔受胎率下降；但若饲料中脂肪过量则会导致獭兔腹泻甚至死亡。獭兔日粮中粗脂肪的需要量为 2%～3.5%。日粮中添加一定数量脂肪，可以提高日粮蛋白质的消化率和改善饲料的转化效率。

5. 水 是獭兔机体一切细胞和组织的必需构成成分，对獭兔生命活动和生产起着非常重要的作用。獭兔水的来源主要有饮水、饲料水和代谢水。獭兔缺水或限制饮水，会显著降低獭兔采食量和日增重，且年龄越大表现越明显。獭兔长期饮水不足会使健康受到损害，生产力遭受严重影响。

獭兔体内损失水分 10%会导致机体代谢紊乱，脱水 20%以上就可致死。幼兔在充分饮水条件下平均日增重是 30.6 克，每克增重消耗饲料 5.2 克，而限制饮水 75%时则平均日增重为 20.6 克，每克增重消耗饲料是 5.8 克。另外，缺水会影响营养物质的吸收，3～4 周龄的哺乳仔兔特别敏感，例如在 15～20 ℃下缺水，25 日龄或刚断奶的仔兔体重减轻 20%。因此，保证獭兔充足饮水，是获得高生产效果的必要条件。

影响獭兔饮水需要量的主要因素是獭兔年龄、生产阶段、日粮组成、环境温度和水位等。随着獭兔年龄的增长，蓄水量逐渐减少，夜间饮水比早晨少。适应生长需要高温季节应增加饮水量和次数，不得中断。炎热夏季缺水时间较长时，獭兔易中暑死亡；母兔分娩后无水，易食仔兔。幼兔处于生长发育阶段，饮水量大于成年兔。獭兔的饮水量一般为饲料干物质的 2 倍。獭兔日需水量：成长兔为 0.25～0.28 升，妊娠后期母兔为 0.5～0.55 升，哺乳兔为 0.6 升。

6. 微量元素 实际生产中关于獭兔常量元素的研究较少，目前主要是研究獭兔对微量元素的营养需要。

（1）锌 是动物体必需的微量元素之一，是机体许多酶的组成成分，参与蛋白质、糖和脂类的代谢，且与动物的生殖、免疫和生长发育有关。獭兔缺锌表现为食欲下降、生长受阻、被毛粗乱易折、无光泽。血清尿素氮与蛋白质代谢有密切关系，在日粮蛋白质含量稳定的情况下，血清尿素氮下降是蛋白质利用效率增加的结果；当日粮锌添加量为 80～120 毫克/千克时，血清尿素氮下降，有较好的生产性能，但以 80 毫克/千克时日增重最高。

（2）锰 是许多酶的激活剂，能影响碳水化合物、脂肪和氮的代谢。锰为獭兔骨骼形成、繁殖和胚胎的正常发育所必需。缺锰时可引起骨骼系统发育不良、弯腿、骨脆，骨的重量、长度密度及灰分含量等下降。当日粮中钙和磷过多时，可能会使锰的吸收降低。日粮中锰过多时，会抑制幼兔血红蛋白的形成，甚至产生其他有害作用。

日粮中添加锰对獭兔日增重、料重比影响显著，而对獭兔皮张面积没有影响。日粮锰水平对獭兔血清 Mn－SOD 活性影响不显著，对心组织 Mn－SOD 活性影响显著，且随锰水平的提高，心组织 Mn－SOD 活性增强。从日增重和料重比的结果来看，以 25、35 毫克/千克的添加量较为适宜。添加锰对獭兔的生长有一定的促进作用，原因可能是锰参与三大营养物质的代谢，能促进蛋白质的合成和营养物质的吸收，因而表现为促进生长、降低饲料消耗和提高饲料转化率。

（3）铁　是动物营养中最重要的微量元素之一。足量的铁是机体生长发育与代谢不可缺少的基本条件。缺铁可导致营养性贫血，影响机体的免疫功能和生长发育。铁在动物体内大部分组成血红蛋白，一部分在肝和脾的铁蛋白中作为铁的贮备。其最佳添加量为 30 毫克/千克。

7. 维生素　作为一种微量营养成分，在维持动物正常生命活动和充分发挥其生产潜力方面具有重要作用。维生素 A 可使机体增强对传染病的抵抗力，促进生长，刺激食欲，有助于繁殖和泌乳。维生素 E 具有抗氧化的作用，可保护红细胞免于溶血，促进垂体前叶分泌促性腺激素，维持动物的正常性周期，并增强卵巢机能，保证受精及胚胎发育的正常进行。

随着日粮维生素 A 水平的提高，獭兔日增重逐渐增加；而采食量、料重比随着日粮维生素 A 水平的提高逐渐下降，但差异不显著。另外，血清白蛋白含量随着日粮维生素 A 水平的提高而增加，但差异不显著；血清尿素氮随日粮维生素 A 水平的提高而下降。同时建议生长獭兔日粮中维生素 A 的添加量为每千克日粮 1 万国际单位。在配种前 3 天到妊娠第 7 天在日粮中添加维生素 A 8 毫克/千克（4 000 国际单位/千克）、维生素 E 100 毫克/千克（50 国际单位/千克），结果表明，试验组产活仔数增加了 20.23%，育成率提高了 6.58%，增重速度增加了 7.11%。

第二节　獭兔的常用饲料

用于喂兔的饲料种类很多，按照营养特性和主要作用，可将獭兔的常用饲料分为能量饲料、蛋白质饲料、青绿饲料、粗饲料、矿物质饲料、维生素补充料及非营养性添加剂等。前面几类饲料是獭兔饲粮的基本组分，后两种则是以少量或微量加入饲粮中，起完善饲粮品质、提高饲粮利用率的作用。

一、粗饲料

干物质中粗纤维含量超过18%的饲料称粗饲料，包括农作物秸秆、秕壳，干制的饲草、树叶。粗饲料的营养价值与饲料的种类、收获时期、晾晒方法、运输和贮存有关。粗饲料中消化能、粗蛋白和维生素含量较低，粗纤维含量高。在獭兔的日粮中，需要提供适量可消化纤维，调节消化机能，维持消化道的健康。粗饲料是獭兔的主要饲料来源之一，也是全价颗粒饲料的主要成分。

1. 干草和干草粉 干草是指青草或栽培青饲料在未结籽实以前刈割，经日晒或人工干燥制成的干燥饲草。好的干草保留一定的青绿颜色，故称青干草；粉碎后即干草粉。营养价值因种类、刈割时期及晒制方法有较大的差异。在配合饲料中加入一定量的草粉，对维持健康、促进獭兔生长、降低饲养成本有较好的效果。

豆科牧草是品质较好的粗饲料，粗蛋白、钙、胡萝卜素的含量较高，是獭兔的理想粗饲料。生产中常用苜蓿、苕子、红三叶、白三叶、红豆草、紫云英等。

禾本科牧草含较高纤维素，也有一定量的粗蛋白，是獭兔的优质粗饲料。生产中常用黑麦草、臂形草、苏丹草、无芒雀麦、东非狼尾草等。

豆科牧草应在盛花期刈割，禾本科牧草应在抽穗期刈割。

2. 作物秸秆及秕壳类 农作物秸秆及秕壳类的品质差异很大。我国北方，质量较好的是花生秧，南方为蚕豆秆、叶。地瓜秧、玉米秸、稻草、小麦秸、大麦秸、燕麦秸等，可作为日粮的组分，以填充料使用。秕壳类也可粉碎后在配合饲料中占一定的比例。

3. 树叶类 槐树叶、榆树叶、紫穗槐叶、洋槐叶等许多阔叶落叶树的树叶可用于喂兔，其粗蛋白质含量达15%以上，但含有单宁，不利于消化，蛋白质和总能量的消化利用率很低，仅替代填充料使用。

二、青绿多汁饲料

天然水分含量高于60%的植物，称青绿多汁饲料，包括牧草、青刈作物、蔬菜、树叶、水生饲料等，獭兔善食。水分含量高，适口性好，含有丰富的维生素；体积大，营养不平衡。由于颗粒饲料的推广，青绿饲料的应用减少；南方的农户养兔，四季兼用。

1. 牧草类 牧草分人工栽培牧草和野生牧草，其种类很多，几乎都可喂兔。

（1）人工栽培牧草 豆科栽培牧草主要有苜蓿（包括紫花苜蓿、杂花苜蓿和黄花苜蓿）、草木樨（白花草木樨、黄花草木樨和细齿草木樨）、小冠花、沙打旺、紫云英、三叶草（红三叶、白三叶）、苕子（毛叶苕子、光叶苕子）、鸡脚草等。按干物质计算，豆科栽培牧草的粗蛋白质可满足獭兔对蛋白质的需要，但生物学价值较低，而且能量含量不足，钙的含量较高。

禾本科栽培牧草主要有黑麦草、苏丹草、冰草、羊草、披碱草、东非狼尾草、墨西哥类玉米等，粗蛋白较低，粗纤维较高，也是獭兔常用饲料。其他常用的栽培牧草有菊苣、串叶松香草、聚合草、紫粒苋等。

（2）野生牧草　田间野生牧草也是农村养兔的主要饲料，主要有禾本科、豆科、菊科、藜科、蓼科、莎草科、十字花科、蔷薇科的野生牧草，质量差异很大。

2. 蔬菜类　人类食用的蔬菜几乎都可以作为兔饲料，主要有白菜、萝卜、菠菜、甘蓝、胡萝卜、萝卜叶等，因水分含量高，易致消化道疾病，应限量使用。堆放发热易产生亚硝酸盐，引起亚硝酸盐中毒。

3. 青刈作物　是将玉米、高粱、麦类、豆类等进行密植，在籽实未成熟时刈割喂兔。青嫩，多叶，适口性好，含有丰富的碳水化合物。另外，还有葵花叶、鲜甘薯藤、鲜花生秧等。二茬高粱苗含有较高的氢氰酸，不能饲喂。

4. 树叶　槐树叶、桑叶、榆树叶、茶树叶等。槐树叶不仅适口性好，而且营养价值高。

5. 水生饲料　水生饲料在南方各省十分丰富，主要有水浮莲、水葫芦、水花生和绿萍等，含水量高达90%～95%。此类饲料需洗净、晾干表面的水分后再喂，且严格控制饲喂量。

6. 块根、块茎和瓜类饲料　常用的有胡萝卜、马铃薯、甘薯、木薯、菊芋、南瓜及饲用甜菜等，主要特点是含水量高，可达70%～90%，干物质中消化能含量高，粗纤维和粗蛋白含量较低，无氮浸出物含量高达68%～92%，其中大多是易消化的糖和淀粉。富含钾而缺乏钙、磷和钠，喂时要注意矿物质平衡。这类饲料产量高，适口性好，容易消化，具有润便作用，是獭兔的优良饲料。

（1）胡萝卜　一般都是鲜喂，鲜胡萝卜中胡萝卜素含量非常高，可达120国际单位/克，粗蛋白为1.7%，粗纤维为1.1%，在冬季是獭兔良好的调剂饲料，不仅可以供给足量的胡萝卜素满足獭兔对维生素A的需要量，而且具有提高饲料适口性和提高采食量的作用。

（2）马铃薯、甘薯　二者的品质相近，高能量，富含淀粉，低蛋白质。獭兔喜采食，鲜喂、晒干均可，需要注意的是它们发芽后含有毒素。马铃薯中的有毒成分是龙葵素，阳光照射或霉败使其含量增加，绿皮、茎叶、芽眼周围和芽中含量较高，一般含量为0.1%～0.7%，中毒症状为呆痴、沉郁、呕吐、腹泻和皮肤溃疡性症状，严重者会死亡。

甘薯若保存不当会生芽、腐烂或出现黑斑，黑斑甘薯味苦、有毒，獭兔吃后易引发气喘病、腹泻，重者死亡。

（3）饲用甜菜　鲜叶青饲，块根宜切碎生喂或与其他饲料配合饲用。但饲喂过多会引起腹泻，腐烂茎叶含亚硝酸盐会引起中毒，不宜饲用。

三、能量饲料

干物质中粗纤维含量低于18%、粗蛋白低于20%的饲料，称能量饲料，主要供给獭兔能量。包括谷物类籽实及其加工副产品、块根块茎类饲料及制糖副产品。

1. 谷物类饲料　常用的有玉米、高粱、小麦、大麦、稻谷、黑麦、燕麦、荞麦、粟（谷子）、草籽等，这类饲料淀粉含量高，粗纤维、粗蛋白含量较低，钙、磷比例不平衡。

（1）玉米　是獭兔最常用的能量饲料，消化能含量很高，适口性好。但粗蛋白质含量只有8%～9%，而且蛋白质品质较差，赖氨酸、蛋氨酸和色氨酸含量都很低。由于玉米的淀粉含量很高，如果在日粮中用量过多，则容易引起盲肠和结肠碳水化合物负荷过重，使獭兔出现肠炎，所以在獭兔饲粮中不能大量使用。黄玉米中含有丰富的胡萝卜素，有利于獭兔的生长和繁殖，同其他谷物比较，玉米所含的钙、磷及B族维生素少。在全价配合饲粮中可占20%～30%。

（2）小麦（次粉）　所含消化能低于玉米，粗蛋白质高于玉米，且品质较好，B族维生素也较丰富。小麦（次粉）主要作为粮食，在獭兔配合饲料中使用不如玉米普遍，一般用量为全价配合饲料的10%～20%。

（3）其他谷物类籽实　在谷物籽实中，燕麦的粗纤维含量最高，淀粉含量较低，适口性也好，B族维生素含量丰富，对兔都是很有利的。对于生长和哺乳兔，燕麦和大麦无论在适口性上还是在生产效果上都优于玉米和小麦。高粱中因含较多的单宁，降低了适口性和饲用价值，喂量不宜过多，以5%～10%为宜。稻谷也是我国常用的獭兔饲料，在南方地区獭兔饲粮中可适当添加。

2. 糠麸类饲料　主要有小麦麸、米糠、大麦麸、燕麦麸、玉米皮、高粱糠、谷糠等，这类饲料含淀粉少于谷物类籽实，粗纤维含量较高，能值也比谷物类籽实低。

（1）小麦麸　俗称麸皮，粗蛋白质、粗纤维含量较高，有效能值相对较低，含有较多的B族维生素，矿物质含量丰富，钙磷比例不当。磷含量高并多为植酸磷，但含植酸酶，故其吸收率高于米糠。小麦麸粗纤维含量较高，质地疏松，具有轻泻通便的作用，可改善饲料的物理性状，适口性好，在獭兔全价配合饲料的用量一般为10%～30%。

（2）米糠　稻谷的加工副产品称为稻糠，分为砻糠、米糠和统糠。

①砻糠：粉碎了的稻壳，实为秕壳，营养价值低。

②米糠：糙米（去壳稻米）加工成白米的副产品，由种皮、糊粉层、胚及少量的胚乳组成。分为全脂米糠和脱脂米糠，通常所说的米糠是指全脂米糠。米糠脂肪含量较高，为15%～17%，且含不饱和脂肪酸较多，易氧化变质，也易发热、发霉，应注意防腐、防霉。蛋白质质量也较差，B族维生素和维生素E含量丰富，含有丰富的磷、铁、锰、钾、镁，缺乏钙、铜，磷多钙少，总磷量中80%以上是植酸磷。

③统糠：由米糠与砻糠按一定比例混合而成（常见有"二八"或"三七"统糠）。

④其他糠麸类饲料：主要有玉米糠、高粱糠、小米糠、大麦糠、黑麦糠等，这类饲料粗纤维含量很高，适于喂兔。

3. 制糖副产品　糖蜜和甜菜渣等具有一定的甜味，是獭兔的优质饲料。

（1）糖蜜　糖蜜是制糖过程中的主要副产品，主要来自甘蔗和甜菜，其含糖量达46%～48%，主要是果糖。干物质中的粗蛋白含量，甘蔗糖蜜为4%～5%，甜菜糖蜜约10%。獭兔饲料中加入糖蜜有黏结作用，可改善饲料适口性和颗粒饲料质量，减少粉尘。糖蜜的矿物质含量很高，具有轻泻作用。一般獭兔饲料中添加量不宜超过10%，加工颗粒料时的最大加入量为3%～6%。由于糖蜜的浓度高，易凝固，加工颗粒饲料时温度不能低于50～60℃。

（2）甜菜渣　甜菜渣是甜菜制糖过程中的主要副产品，

干燥后可用作獭兔饲料。甜菜渣中粗蛋白含量比较低，消化能较高，纤维性成分容易消化，消化率可达70%，是獭兔较好的饲料。缺点是水分含量高，不易干燥。

四、蛋白质饲料

蛋白质饲料指在饲料干物质中粗纤维含量低于18%、粗蛋白质含量高于20%的饲料。一般可分为植物性、动物性、单细胞蛋白、非蛋白含氮饲料及食品工业副产品等。

1. 植物性蛋白质饲料

(1) 饼粕类　包括多种饼粕类，是獭兔常用的蛋白质饲料。

①大豆饼（粕）：是獭兔最常用的优质植物性蛋白饲料。适口性好，含粗蛋白35%～45%，必需氨基酸含量高、比例平衡，赖氨酸含量高达2.4%～2.8%，异亮氨酸含量高达2.3%，色氨酸和苏氨酸含量分别为1.85%和1.81%。其缺点是蛋氨酸缺乏，钙含量少，磷也不多，以植酸磷为主，大豆饼残脂为5%～7%，大豆粕残脂为1%～2%，因此大豆饼的有效能值比大豆粕高，大豆饼（粕）在兔饲料中的用量可达20%～25%。

②菜籽饼（粕）：也是我国较常用的兔饲料。菜籽饼中粗蛋白质含量为34%～39%；菜籽粕中蛋白质含量为37.1%～41.8%，粗纤维含量为12%～13%，蛋氨酸含量约为0.7%，赖氨酸含量为2.0%～2.5%，精氨酸含量为2.32%～2.45%。钙磷含量高，硒是常见植物性饲料中最高者，可达0.9～1.0毫克/千克。

菜籽饼具有辛辣味，适口性较差；含硫葡萄糖苷，在酶的作用下可水解成有毒物质，大量饲喂时可引起腹泻、甲状腺肿大和泌尿系统炎症等。目前解决菜籽饼中毒性问题的方法是使用“双低”品种的菜籽（低硫葡萄糖苷和低芥酸），“双低”菜籽饼（粕）的粗蛋白及各种氨基酸含量均比普通的高，几乎可以代替80%的大豆饼（粕），而普通菜籽饼（粕）最多代替獭兔日粮大豆饼（粕）的50%。在兔饲料中的用量一般控制在5%以内。

③棉籽饼（粕）：含有较丰富的蛋氨酸、胱氨酸，与大豆饼（粕）相似，赖氨酸较低，仅为大豆饼（粕）的50%，含较丰富的磷、铁和锌。棉籽饼（粕）含有棉酚，可引起心、肝、肺等组织的损伤和心脏失调，使用时要进行脱毒处理或限量使用，使用量应控制在4%以下。

④亚麻仁饼（粕）：也是常用的饼粕类饲料，亚麻仁饼（粕）的营养成分受残油率、壳仁比等原料质量、加工条件、主副产品比例等条件的影响。粗蛋白及各种氨基酸含量与棉籽、菜籽饼（粕）近似，粗纤维约8%。亚麻仁饼（粕）的粗蛋白含量约33%。亚麻仁饼（粕）应用中，易出现氢氰酸中毒和B族维生素缺乏，一般情况下，在饲粮中的比例不宜超过10%，最好和其他饼粕类配合使用。

这类饲料中，还包括酒糟、豆腐渣等其他加工副产品。粗蛋白占干物质的20%～40%。由于加工目的和方法不同，这类饲料具有各自的特点。

（2）豆科籽实　主要包括大豆、黑豆、豌豆、蚕豆等。

①大豆：约含粗蛋白35%、粗脂肪17%，有效能值也较高，赖氨酸含量在豆类中居首位，约比豌豆、蚕豆高出70%。生大豆中蛋白质及氨基酸的利用效率差，且含有抗营养因子，加热（如烘炒、煮熟或膨化）是提高利用效率和去

除抗营养因子的良好方法。

②黑豆：约含粗蛋白35%、粗纤维5%。同级的黑豆和黄大豆比较，黑豆中粗纤维比黄大豆高1～2个百分点，粗蛋白和粗脂肪低1～2个百分点。黑豆中含铁较高，但钙、磷均较低。生黑豆中含有脲酶，需加热后再饲用。

③豌豆：风干物中约含粗蛋白24%、粗纤维7%、粗脂肪2%，含有较丰富的赖氨酸，但其他必需氨基酸含量都较低，各种微量元素含量也偏低。豌豆也不宜生喂。

④风干蚕豆：约含粗蛋白22%～27%、粗纤维8%～9%，未脱皮蚕豆的能值相对较低，蚕豆的各种矿物质、微量元素含量较低，赖氨酸含量较高，但蛋氨酸、胱氨酸等必需氨基酸则明显短缺。同时蚕豆含单宁0.04%，种皮含0.18%。

2. 动物性蛋白质饲料 鱼粉、蚕蛹粉、肉骨粉、血粉、羽毛粉等动物性蛋白质饲料在獭兔饲粮中应用并不广泛，主要用于调整和补充某些必需氨基酸。

（1）鱼粉 由于原料质量不同，营养成分变异较大，并且有进口和国产之分。与植物性蛋白饲料相比，鱼粉的蛋白质含量高，氨基酸组成平衡，尤以蛋氨酸、赖氨酸含量丰富，含有大量B族维生素和钙、磷等矿物质，对獭兔生长、繁殖均有良好作用，是理想的动物性饲料。但鱼粉价格较高，同时獭兔不喜欢动物性饲料，一般用量控制在3%左右。鱼粉含有特殊的鱼腥味，在育肥兔饲粮中不宜使用。

（2）血粉 优质血粉中赖氨酸含量比国产鱼粉高出1倍，含硫氨基酸与进口鱼粉相似，可达1.7%，但总的氨基酸组成极不平衡，氨基酸利用率也不高。

（3）肉骨粉 因原料不同，质量差异较大，粗蛋白含量

20%～50%，粗脂肪8%～18%，赖氨酸1%～3%，含硫氨基酸3%～6%，色氨酸含量低，不足0.5%，在獭兔生产应用时应查清楚营养成分再利用。

(4) *水解羽毛粉* 含粗蛋白80%～85%，但蛋氨酸、赖氨酸、色氨酸和组氨酸含量低，使用时应考虑氨基酸平衡问题。羽毛粉虽然粗蛋白质含量较高，但多为角质蛋白，消化利用率低，不宜多喂，如与血粉、骨粉配合使用，则可平衡营养，提高饲喂效果。

3. 单细胞蛋白 目前工业化生产的单细胞蛋白饲料主要是酵母。因原料及工艺不同，营养成分差异大，一般风干样品中含粗蛋白50%～60%，蛋白品质好，氨基酸平衡，含有较高的维生素，富含锌、硒，尤其含铁很高。使用时也应控制用量。

4. 非蛋白氮饲料（NPN） 指提供饲料用的尿素、双缩脲、氨、铵盐及其他合成的简单含氮化合物。

獭兔盲肠所起的作用与反刍动物的瘤胃相似。非蛋白氮可作为獭兔盲肠微生物生长繁殖的氮源，合成菌体蛋白，随软粪排出，被獭兔食后可作为蛋白质补充来源。

五、矿物质饲料

矿物质饲料是补充矿质元素的饲料，包括提供钙、磷、镁、钠、钾、氯、硫等常量元素的矿物质饲料，也包括提供铁、铜、锰、锌、钴、碘、硒等微量元素的无机盐类或其他产品。

1. 石粉、贝壳粉、蛋壳粉 均为补钙的主要物质。石粉为天然的碳酸钙，一般含钙达38%左右，是补充钙的最廉价、最方便的矿物质饲料。方解石、白垩石等也是以碳酸钙为主要成分的矿石，也可作为钙的来源。贝壳粉含钙30%以上，是良好的钙元素源。蛋壳粉含钙25%左右，用蛋壳制粉需经过消毒，以预防传染性疾病。

2. 骨粉 钙、磷比例适当（2∶1），由于制造方法不同，质量差异很大，其中以蒸制骨粉质量较好，含钙30.0%、磷14.5%，在一般饲粮中加入量为2%～3%。

3. 磷酸钙和其他磷酸盐类 可作磷的来源，磷矿石中含氟量高，应进行脱氟处理。常用的磷酸盐类饲料有磷酸氢二钠、磷酸二氢钠、磷酸氢钙、磷酸钙和过磷酸钙等。

4. 食盐 为钠和氯的来源，饲粮用量约为0.5%，以碘化食盐为好，可同时补充碘。

5. 氯化钾、硫酸钾 氯化钾可为獭兔提供钾元素和氯元素，硫酸钾可为獭兔提供钾元素和硫元素。硫酸镁、碳酸镁和氧化镁为獭兔提供镁元素。

六、添加剂

饲料添加剂是指为了某种目的而以微小剂量添加到饲料中的物质的总称。在饲粮中通常起完善营养、提高饲料利用率、促进獭兔生长、防治獭兔疾病、减少饲料在贮存期间营养物质损失与变质的作用。当前饲料添加剂的研制和应用已经成为养兔业一个重要的领域。

1. 营养性饲料添加剂

（1）氨基酸添加剂 根据獭兔氨基酸需要特点和饲料中某种氨基酸缺乏情况，在养兔生产中主要使用的有赖氨酸、蛋氨酸、苏氨酸和精氨酸。

①赖氨酸：目前用作饲料添加剂的大部分是赖氨酸盐酸盐，为白色或浅褐色结晶粉末。应用时考虑商品中纯赖氨酸的含量。

由于赖氨酸是饲料主要的限制性氨基酸之一，獭兔常用饲料原料中含量均较低，必须补加。饲粮中添加赖氨酸应按照獭兔饲养标准进行，即先计算出配合饲粮的实际含量，再比对饲养标准和实际含量的差值，即添加量。

②蛋氨酸：又称为甲硫氨酸，生产中市售产品有 DL-蛋氨酸、DL-蛋氨酸羟基类似物、DL-蛋氨酸羟基类似物钙盐等。天然蛋氨酸都是 L-蛋氨酸，化学合成氨基酸一般是 DL 型。

蛋氨酸在饲料中是一种不可缺少的含硫氨基酸，其添加量与饲料组成，以及饲料中蛋氨酸、胱氨酸、胆碱、钴胺素的含量有关，原则上只要补足含硫氨基酸（胱氨酸＋蛋氨酸）的缺额即可。补充蛋氨酸可提高幼兔生长速度，生产中一般添加量为 0.1%～0.3%。

③苏氨酸：L-苏氨酸是无色至白色结晶体，在以小麦或大麦等谷物为主的饲料中，苏氨酸的含量往往不能满足需要，常需要额外添加。

④精氨酸：L-精氨酸或 DL-精氨酸饲料添加剂，要求纯度均为 98%。谷实类、豆类中含有足够量，一般无需添加。满足肉兔最大生产性能的精氨酸需要量为 0.55%。

（2）微量元素添加剂　主要作用是补充饲粮中某些微量元素的不足，维持并促进生理和生产的需要。各国的獭兔营养需要量中提供了主要微量元素的参考供给量，结合使用添加剂后兔群的生产反应，可作为使用微量元素添加剂的基本依据。

常用的微量元素化合物及其活性成分含量见表 4－1。

表 4－1 常用微量元素化合物中活性成分含量

（引自杨正，1999）

微量元素	化合物	化学式	微量元素含量（%）
铜	硫酸铜	$CuSO_4 \cdot 5H_2O$	Cu 25.5
		$CuSO_4 \cdot H_2O$	Cu 38.8
	碳酸铜	$CuSO_4$	Cu 51.4
锌	硫酸锌	$ZnSO_4 \cdot 7H_2O$	Zn 22.7
		$ZnSO_4 \cdot H_2O$	Zn 36.5
	氧化锌	ZnO	Zn 80.3
	碳酸锌	$ZnCO_3$	Zn 52.2
锰	硫酸锰	$MnSO_4 \cdot 5H_2O$	Mn 22.8
		$MnSO_4 \cdot H_2O$	Mn 32.5
	氧化锰	MnO	Mn 27.4
	碳酸锰	$MnCO_3$	Mn 47.8

2. 非营养性饲料添加剂 包括抑菌促生长、驱虫保健、防霉、防腐、抗氧化、着色、调味、增香等，正在开发的有饲用酶制剂和微生态制剂等。

（1）*抑菌促生长饲料添加剂* 由于长期使用不仅导致在兔肉中的残留，而且会使微生物产生耐受性，因此，此类添加剂的应用在各国都受到严格的控制。在我国，2016 年农业行业标准《无公害农产品兽药使用准则》（NY/T 5030—2016）中明确规定了食用动物饲养允许使用的抗菌药、抗寄生虫药及使用规定。

（2）*驱虫保健饲料添加剂* 在獭兔生产中使用的有化学合成抗球虫剂和抗生素类抗球虫剂，主要有氯苯胍、盐酸氯苯胍、拉沙洛西钠、地克珠利等。

（3）防霉、防腐、抗氧化饲料添加剂　防霉、防腐剂的品种很多，其中比较经济有效的是有机酸和有机酸盐，尤以丙酸钙为好；还有苯甲酸、山梨酸、醋酸及其盐类。抗氧化剂生产中常用的有二丁基羟基甲苯、丁基羟基茴香醚、没食子酸丙酯、乙氧基喹啉及这些抗氧化剂的复合体等。

（4）着色、调味、增香用饲料添加剂　常用的有胡萝卜素及类胡萝卜素衍生物、柠檬黄、糖精及糖精钠、酸味剂等。

（5）饲用酶制剂　目前饲用酶制剂已在养兔生产中应用，商品酶制剂一般为复合酶制剂，常用的酶制剂有蛋白酶、淀粉酶、非淀粉多糖酶（包括纤维素酶等）、寡聚糖酶和植酸酶等。酶制剂在应用时，应考虑应用现代生物技术及酶制剂包被技术，进一步提高酶活性、热稳定性和复合酶的协同效应。

（6）微生态制剂　或称活菌制剂、益生素，近年来在獭兔生产中大量使用，目的是调节肠道微生态环境。目前常用的微生态制剂菌种有枯草芽孢杆菌、蜡样芽孢杆菌、双歧杆菌、乳酸菌等。

第三节　獭兔的饲料配合技术

合理地配制饲料是满足獭兔对各种营养物质的需要，降低饲养成本，获取最大经济效益的关键。营养需要量表达了在一定生产水平、特定生理状态下应供给獭兔的各种营养物质的数量，单纯某一种饲料很难满足这种需要，必须用多种饲料和添加剂互相搭配。饲粮配合实际上就是根据当地饲料资源情况、饲料营养成分特点，将多种饲料分别确定适宜的比例，使混合饲料的营养成分满足獭兔的营养需要量。

确定日粮配方需要掌握獭兔的饲养标准（是獭兔营养需要量研究应用于饲养实践的最权威表述），獭兔常用饲料营养价值特性以及配方设计方法等方面的知识。

一、獭兔的饲养标准

饲养标准是根据长期养兔生产实践积累的经验，结合动物的代谢试验，科学地规定出不同种类、品种、年龄、性别、体重、生理阶段、生产水平的兔每天每只所需要的能量和各种营养物质的数量，或每千克日粮中各种营养物质的含量。饲养标准具有一定的科学性和普遍性，是獭兔生产中制订科学日粮配方、组织生产的重要依据。但是，由于饲养标准中所规定的养分需要量是在特定条件下，在特定的年龄、体重和生产水平下经许多试验的平均结果，所以不一定完全符合每一个体的实际要求。对某些个体可能某几种养分不足，又可能某几种养分过多，不足和过多都不能达到理想的饲养效果。饲养标准也不是一成不变的，随着科学的进步、认识的深入、品种的改良和生产水平的变化，还需要不断修订、充实和完善。因此，在实际生产过程中应因地制宜，结合当地的具体情况灵活应用。有条件的兔场，应进行饲养试验，摸索出一套适合本场兔群的日粮类型和营养水平，制定一个适宜的安全系数。

关于獭兔的饲养标准，目前国内外还没有统一的标准。下面介绍中国农业科学院兰州畜牧研究所参考国外标准制定的獭兔饲养标准（表 4－2），以及不同国家制定的其他獭兔饲养标准及生产中一些单位的推荐用量（表 4－3 至表 4－5），供参考（谷子林，2002）。

表 4-2　獭兔饲养标准

（引自谷子林，2002）

营养成分	生长期	哺乳期	妊娠期	维持期
消化能（兆焦/千克）	10.4～10.5	10.9～11.3	10.5	8.8～9.2
粗脂肪（%）	2～3	2～3	2～3	2～3
粗纤维（%）	10～14	10～12	10～14	14～16
粗蛋白质（%）	15～16	17～18	15～16	12～13
赖氨酸（%）	0.65	0.9	—	—
含硫氨基酸（%）	0.6	0.6	—	—
色氨酸（%）	0.2～0.3	0.15	—	—
苏氨酸（%）	0.55～0.6	0.7	—	—
钙（%）	0.4～0.5	0.75～1.1	0.45～0.8	0.4
磷（%）	0.22～0.3	0.5～0.7	0.37～0.5	0.3
铁（毫克/千克）	50	100	50	50
铜（毫克/千克）	3～5	3～5	—	—
锌（毫克/千克）	50	70	70	—
锰（毫克/千克）	8.5	2.5	2.5	2.5
碘（毫克/千克）	0.2	0.2	0.2	0.2
钴（毫克/千克）	0.1	0.1	—	—
维生素 A（国际单位/千克）	5 800～6 000	12 000	1 160～1 200	600
维生素 D（国际单位/千克）	900	900	900	900
维生素 E（国际单位/千克）	40～50	40～50	40～50	40～50

表 4-3 獭兔饲养标准

（德国养兔专家推荐）

营养成分	含量	营养成分	含量
可消化能（焦耳）	1 000～12 200	钾（%）	1.0
可消化养分（TDN，克）	650	铜（毫克/千克）	20～200
粗蛋白（%）	16～18	铁（毫克/千克）	100
粗脂肪（%）	3～5	锰（毫克/千克）	30
粗纤维（%）	7～10	锌（毫克/千克）	50
赖氨酸（%）	1.0	维生素 A（国际单位/千克）	8 000
含硫氨基酸（%）	0.4～0.6	维生素 D（国际单位/千克）	1 000
精氨酸（%）	0.6	维生素 E（毫克/千克）	40
钙（%）	1.0	维生素 K（国际单位/千克）	1
磷（%）	0.5	胆碱（毫克/千克）	1 500
镁（毫克/千克）	300	烟酸（毫克/千克）	50
氯化钠（%）	0.5～0.7	维生素 B_6（毫克/千克）	400

表 4-4 獭兔建议营养需要量

（引自杭州养兔中心和浙东獭兔开发公司）

项目	生长期	成年期	妊娠期	泌乳期	毛皮成熟期
消化能（兆焦/千克）	10.46	9.20	10.46	11.30	10.46
粗蛋白（%）	16.5	15	16	18	15
粗脂肪（%）	3	2	3	3	3
粗纤维（%）	14	14	13	12	14

（续）

项目	生长期	成年期	妊娠期	泌乳期	毛皮成熟期
钙（%）	1.0	0.6	1.0	1.0	0.6
磷（%）	0.5	0.4	0.5	0.5	0.4
含硫氨基酸（%）	0.5～0.6	0.3	0.6	0.4～0.5	0.6
赖氨酸（%）	0.6～0.8	0.6	0.6～0.8	0.6～0.8	0.6
食盐（%）	0.3～0.5	0.3～0.5	0.3～0.5	0.3～0.5	0.3～0.5
日采食量（克）	150	125	160～180	300	125

表 4-5　獭兔全价饲料营养含量

（河北农业大学山区研究所建议，1998）

项目	1～3月龄生长期	4月龄至出栏	哺乳期	妊娠期	维持期
消化能（兆焦/千克）	10.46	9～10.46	10.46	9～10.46	9.0
粗脂肪（%）	3	3	3	3	3
粗纤维（%）	12～14	13～15	12～14	14～16	15～18
粗蛋白（%）	16～17	15～16	17～18	15～16	13
赖氨酸（%）	0.80	0.65	0.90	0.60	0.40
含硫氨基酸（%）	0.60	0.60	0.60	0.50	0.40
钙（%）	0.85	0.60	1.10	0.80	0.40
磷（%）	0.40	0.35	0.70	0.45	0.30
食盐（%）	0.3～0.5	0.3～0.5	0.3～0.5	0.3～0.5	0.3～0.5
铁（毫克/千克）	70	50	100	50	50
铜（毫克/千克）	20	10	20	10	5
锌（毫克/千克）	70	70	70	70	25
锰（毫克/千克）	10	4	10	4	2.5
钴（毫克/千克）	0.15	0.10	0.15	0.10	0.10

(续)

项目	1～3 月龄生长期	4 月龄至出栏	哺乳期	妊娠期	维持期
碘（毫克/千克）	0.20	0.20	0.20	0.20	0.10
硒（毫克/千克）	0.25	0.20	0.20	0.20	0.10
维生素 A（国际单位/千克）	10 000	8 000	12 000	12 000	5 000
维生素 D（国际单位/千克）	900	900	900	900	900
维生素 E（毫克/千克）	50	50	50	50	25
维生素 K（毫克/千克）	2	2	2	2	0
硫胺素（毫克/千克）	2	0	2	0	0
核黄素（毫克/千克）	6	0	6	0	0
泛酸（毫克/千克）	50	20	50	20	0
吡哆醇（毫克/千克）	2	2	2	0	0
维生素 B_{12}（毫克/千克）	0.02	0.01	0.02	0.01	0
烟酸（毫克/千克）	50	50	50	50	0
胆碱（毫克/千克）	1 000	1 000	1 000	1 000	0
生物素（毫克/千克）	0.2	0.2	0.2	0.2	0

二、獭兔饲料的配合方法

（一）獭兔饲料配合的原则

饲料配合要有科学性，应以獭兔的饲养标准和各种饲料营养成分为依据，根据本场的具体情况，在采取多种多样饲料基础上合理搭配，使其在营养价值上基本能达到獭兔的饲养标准所规定的指标，同时又要具有良好的适口性、可消化性和符合经济要求。因此，在配合饲料时要掌握以下原则。

1. 以獭兔的饲养标准为依据 配合饲料时首先应根据獭兔品系、年龄、生理阶段选择适当的饲养标准。这是提高配合饲料实用价值的前提，是使配合饲料满足营养需要、促进生长发育、提高生产性能的基础。在选择饲养标准时，要尽量选用本地区和国内的标准，实在没有时再参考国外和其他地区的标准，并要根据实际情况不断调整。

2. 所参考的饲料成分及营养价值表要与所选用的饲料相符 因为地理环境和气候条件不同，不同产地的饲料在营养成分含量上是有差异的，所以在饲料配合时应尽量参考与所用饲料产地相符的饲料营养成分及营养价值表。

3. 因地制宜，充分利用当地资源 要尽量选用本地产、数量大、来源广、营养丰富、质优价廉的饲料进行配合，以减少运输消耗，降低饲料成本。

4. 由多种饲料组成 饲料的多样化可起到营养互补的作用，有利于提高配合饲料的营养价值。一组好的配合调料，在配料组成上不应少于3种。

5. 考虑饲料的适口性 要选用适口性好、易消化的饲料。獭兔较喜欢带甜味的饲料，喜食的次序是青饲料、根茎类、潮湿的碎屑状软饲料（粗磨碎的谷物、熟的马铃薯）、颗粒料、粗料、粉末状混合料。在谷物类中，喜食的次序是燕麦、大麦、小麦、玉米。

6. 符合獭兔的消化生理特点 獭兔是草食动物，饲料中应有相当比例的粗饲料，精、粗比例要适当，粗纤维含量为12%～15%，但在全价配合饲料中仅按风干物质的营养计算。为便于初学者入门，现将獭兔日粮中不同饲料品种的搭配比例列出（表4-6），供参考。

表 4-6　不同饲料品种在饲料配方中的大致比例

饲料品种	比例（%）	饲料品种	比例（%）
干草秸秆类	30～50	钙磷类矿物质饲料	1～3
能量饲料	20～35	食盐	0.3～0.5
糠麸类	10～35	微量元素、维生素	0.5～1
动物性蛋白饲料	0～5	抗生素药渣	<4
植物性蛋白饲料	5～25	有毒饼粕（棉籽饼、菜籽饼）	<8

7. 考虑饲料的特性　某些饲料除了具有营养价值外，还有一些其他特性，如有毒有害物质含量、适口性和加工特点等。在饲料配合时应考虑饲料的这些特性，以避免对兔的采食及消化代谢产生影响。

（二）饲料配合方法

獭兔饲料配制的方法很多，目前在生产实践中常用的主要有电脑运算法和手算法。

1. 电脑运算法　运用电脑制定饲料配方，主要根据所用饲料的品种和营养成分、獭兔对各种营养物质的需要量及市场价格变动情况等条件，将有关数据输入计算机，并提出约束条件（如饲料配比、营养指标等），根据线性规划原理很快就可计算出能满足营养要求而价格较低的饲料配方，即最佳饲料配方。

电脑运算法配方的优点是速度快、计算准确，是饲料工业现代化的标志之一。但需要有一定的设备和专业技术人员。

2. 手算法　包括试差法、公式法和对角线法等，其中以“试差法”较为实用。现以生长兔饲料配方为例，举例说明如下。

第一步：查出营养需要量。根据本章第三节獭兔建议营养供给量，每千克生长兔饲料中应含消化能10.29～10.45兆焦、粗蛋白质16%、粗纤维10%～14%、钙0.5～0.7%、磷0.3～0.5%。

第二步：从饲料营养成分表中查出各自的营养成分（表4-7)。

表4-7 饲料营养成分

饲料	消化能（兆焦/千克）	粗蛋白质（%）	粗纤维（%）	钙（%）	磷（%）
稻草粉	5.52	5.4	32.7	0.28	0.08
玉米	15.44	8.6	2.0	0.07	0.24
大麦	14.07	10.2	4.3	0.10	0.46
麸皮	11.92	15.6	9.2	0.14	0.96
豆饼	14.37	43.5	4.5	0.28	0.57

第三步：以现有的饲料原料为基础，根据经验初步拟出饲料配方，然后根据饲料所含营养成分计算出初步配方中的各指标的营养需要量（表4-8)。

表4-8 饲料初步配方

饲料	配合比例（%）	消化能（兆焦/千克）	粗蛋白质（%）	粗纤维（%）	钙（%）	磷（%）
稻草粉	30	1.657	1.620	9.81	0.084	0.024
玉米	18	2.779	1.548	0.36	0.002	0.043
大麦	20	2.814	2.040	0.86	0.020	0.093
麸皮	15	1.788	2.340	1.38	0.021	0.114

（续）

饲料	配合比例（%）	消化能（兆焦/千克）	粗蛋白质（%）	粗纤维（%）	钙（%）	磷（%）
豆饼	15	2.156	6.525	0.675	0.042	0.086
合计		11.194	14.070	13.09	0.169	0.390
营养需要		10.29～10.45	16	10～14	0.5～0.7	0.3～0.5
比较			−1.93			

以上配方所含消化能和粗纤维已经满足需要，粗蛋白还缺 1.93%，应该增加蛋白饲料的比例，钙、磷最后考虑。

第四步：调整配方。用一定量蛋白质含量高的豆饼代替等量玉米，所代替的比例确定如下：

1.93/（0.435−0.086）＝1.93/0.349≈5.5%

调整后饲料配方见表 4－9。

表 4－9　调整后饲料配方

饲料	配合比例（%）	消化能（兆焦/千克）	粗蛋白质（%）	粗纤维（%）	钙（%）	磷（%）
稻草粉	30	1.657	1.620	9.81	0.084	0.024
玉米	12.5	1.930	1.075	0.25	0.001	0.030
大麦	20	2.814	2.04	0.86	0.020	0.093
麸皮	15	1.788	2.34	1.38	0.021	0.114
豆饼	20.5	2.946	8.918	0.923	0.057	0.117
合计	98	11.135	15.993	13.223	0.183	0.408

同营养需要相比较，消化能、粗蛋白和粗纤维已经基本满足需要，磷也满足，只是钙不足，添加石粉来满足钙的需

求。1.5%的石粉可增加钙1.5%×35%（石粉含钙为35%）=0.525%，这时钙为0.525%+0.183%=0.708%，已经满足需要，剩下0.5%加食盐。

第五步：根据调整结果列出饲料最后的配方和营养价值（表4-10）。

表4-10　生长兔饲料配方

饲料	配合比例（%）
稻草粉	30
玉米	12.5
大麦	20
麸皮	15
豆饼	20.5
石粉	0.5
食盐	0.5
合计	99
营养价值	
消化能（兆焦/千克）	11.14
粗蛋白（%）	16
粗纤维（%）	13
钙（%）	0.71
磷（%）	0.41

三、饲料配方举例

表4-11至表4-16为一些成功的饲料配方，供参考。

表 4-11 饲料配方一（%）

品种	生长兔	仔兔补料	泌乳母兔	妊娠母兔和种公兔	空怀母兔
玉米	33	36.5	33.7	34	33
麸皮	13.7	13.8	11	12	12.5
豆粕	8.5	12	8.5	6	4
棉粕	3	2	3	2.5	3
菜粕	3	2	3	2.5	3
酵母	2	2	2	2	2
粉浆蛋白	3	3	3	3	0
草粉	30	25	32	35	40
磷酸氢钙	1	1	2	1.5	1
食盐	0.5	0.5	0.5	0.5	0.5
兔乐*	1	1	1	1	1
蛋氨酸	0.15	0.1	0.15	0	0
赖氨酸	0.15	0.1	0.15	0	0
球净*	1.0	1.0	0	0	0

*为河北农业大学山区研究所科研产品。兔乐为营养性添加剂，只含有维生素和微量元素；球净为抗球虫病添加剂，下同。

表 4-12 饲料配方二（%）

饲料	仔兔补料	幼兔/泌乳母兔	妊娠后期母兔	妊娠早期母兔	空怀母兔
玉米油饼	15	15	12	12	7
豆饼	14	10	10	8	5
玉米	30	25	23	20	11

（续）

饲料	仔兔补料	幼兔/泌乳母兔	妊娠后期母兔	妊娠早期母兔	空怀母兔
麦麸	18	18	18	18	35
草粉	20	29.5	34.5	39.5	39.5
骨粉	1.5	1.5	1.5	1.5	1.5
食盐	0.5	0.5	0.5	0.5	0.5
兔乐	1.0	0.5	0.5	0.5	0.5
抗球虫药	按说明	按说明（幼兔料）			

表 4-13　饲料配方三（%）

品种	生长兔	仔兔补料	泌乳母兔	妊娠母兔和种公兔	空怀母兔
玉米	25	25	27	22	20
国产鱼粉	2	3	2.5	1.5	0
骨粉	1.5	1	1.5	1.5	1
豆粕	15	18	15	13	10
棉粕	5	5	5	5	5
麦麸	10	19.8	8	14	15
酒糟	19.3	12.5	18	18	24
大麦皮	20	13.5	21.8	24	24
兔乐	0.5	0.5	0.5	0.5	0.5
食盐	0.5	0.5	0.5	0.5	0.5
蛋氨酸	0.1	0.1	0.1		
赖氨酸	0.1	0.1	0.1		
球净	1.0	1.0			

表 4-14 饲料配方四（%）

饲料	空怀母兔	后备种兔	生长兔	妊娠母兔	泌乳母兔	仔兔补料
槐叶粉	8	8	6.5	7	9	10
玉米秸	5	3	0	5	0	0
豆秸	20	25	22.5	23	25	10
玉米	35	40.8	41	39.3	35.8	37
豆粕	8	8	11.74	12	11	15
麸皮	11.5	0	1	0	0	6.9
大豆	5	5	7	5	10	12
骨粉	1	1	1.3	1.5	1.5	1.2
鱼粉	0	2	3	2	3	5
贝粉	0	0.5	0.16	0.5	3	0
胡麻饼	2.5	2.5	3	3	0	0
棉仁饼	2.5	2.5	0	0	0.5	0
食盐	0.5	0.5	0.5	0.5	1	0.5
兔乐	1	1	1	1	0.2	1
蛋氨酸	0	0.1	0.15	0.1	0	0.2
赖氨酸	0	0.1	0.15	0.1		0.2
球净			1.0			1.0

表 4-15 饲料配方五（%）

饲料	生长兔	泌乳母兔	妊娠母兔	空怀母兔	仔兔补料
玉米	23.0	21.7	21.15	12.03	32.3
麦麸	3.0	3.0	3.1	19.43	10
花生秧	52.0	51.0	58.25	60	25
豆粕	19.3	22.7	15.9	6.94	30

（续）

饲料	生长兔	泌乳母兔	妊娠母兔	空怀母兔	仔兔补料
骨粉	0.6	0.6	0.6	0.6	0.5
食盐	0.5	0.5	0.5	0.5	0.5
兔乐	0.5	0.5	0.5	0.5	0.5
赖氨酸	0.1	0	0	0	0.1
蛋氨酸	0	0	0	0	0.1
球净	1				1

表 4-16　饲料配方六（%）

饲料	生长兔	泌乳母兔	妊娠母兔	空怀母兔
玉米	23	22	23	28
麦麸	25	25.75	25	15
青干草或玉米秸	28.8	28	35	40
豆粕	20	22	15	15
乳酸钙	1	1	1	1
食盐	0.5	0.5	0.5	0.5
兔乐	0.5	0.5	0.5	0.5
赖氨酸	0.1	0.1		
蛋氨酸	0.1	0.15		
球净	1.0			

第五章 獭兔的饲养管理关键技术

第一节 獭兔的习性及生理特点

一、獭兔的生活习性

1. 昼伏夜行 獭兔的昼伏夜行，指獭兔在白天休息、黄昏后活动觅食的习性，这种习性是在野生兔时期形成的。獭兔至今仍保留这一习性，表现为夜间活跃、白天安静，采食和饮水也是夜间多于白天。在自由采食的情况下，獭兔在晚上的采食量和饮水量占全日量的75%左右。根据这一习性，应当合理地为其安排饲养管理日程，晚上供给足够的饲草和饲料，并保证饮水。

2. 嗜眠性 指獭兔在自然条件下白天很容易进入睡眠状态。在睡眠状态下的獭兔，除听觉外，其他感觉迟钝甚至消失，如视觉消失。这一特性与其昼伏夜行性有关。根据这一特性，在日常管理工作中，白天应保持兔舍及周围环境的安静，不要妨碍獭兔的睡眠，以使其正常生长发育。

3. 胆小怕惊 兔天敌较多，而本身攻击能力差，长期的进化中形成了胆小怕惊的习性，对周围环境比较敏感。兔耳长大，听觉灵敏，能转动竖起收集各方音响，作出判断，以便逃避敌害。在家养条件下，兔仍具有这一习性，突然的声响、陌生人或动物，都会使獭兔惊恐不安，以致在笼中奔跑和乱撞，并以后足拍击笼底而发出声音。这种顿足声会使全兔舍或周围一部分兔同样惊慌起来。因此，在饲养管理操作中，动作要尽量轻稳，以免发出易使兔惊恐的声音，同时要注意防止陌生人或其他动物进入兔舍。

4. 喜清洁干燥　獭兔喜爱清洁干燥的生活环境。清洁干燥的环境，有利于獭兔的健康，而污秽潮湿的环境易使兔患病。所以在兔场设计和饲养管理工作中，要为兔提供清洁干燥的生活环境。

5. 群居性　獭兔的群居性很差。獭兔群养时，同性别的成年兔经常发生互相争斗现象，特别是公兔群养和新组成的兔群，互相咬斗现象更为严重。因此，管理上应特别注意，种公兔要单独饲养。

6. 啮齿行为　獭兔的第一对门齿是恒齿，出生时就有，永不脱换，而且不断生长。因此，獭兔必须借助采食和啃咬硬物不断磨损，才能保持其上下门齿的正常咬合。这种借助啃咬硬物磨牙的习性，称为啮齿行为。所以，在养兔生产中，应把配合饲料压制成具有一定硬度的颗粒饲料，或者在兔笼内投放一些树枝，为獭兔提供磨牙的条件。

7. 穴居性　指獭兔具有打洞穴居并在洞内产仔的本能行为。獭兔这一习性，对于现代化养兔生产，是无法利用的，应该加以限制。在笼养的条件下，要给繁殖的母兔准备一个产仔箱，令其在箱内产仔。但是在建造兔舍和选择不同的饲养方式时，必须要考虑到獭兔的穴居性，以免由于选择建造材料不合适或兔场设计考虑不周全而使獭兔在兔舍内乱打洞穴，造成难以管理的被动局面。

二、体温调节特点

獭兔是恒温动物，但因獭兔皮肤缺乏汗腺，且体表有很厚的被毛形成一层热的绝缘层，所以獭兔散热困难，高温条件下体温升高容易中暑。獭兔不耐高温，但比较耐冷。

最适宜獭兔生活和繁殖的温度是15～25 ℃。高于或低于这个温度范围都会降低其生产和繁殖性能。仔兔由于缺少被毛，没有保温层，所以耐热不耐冷。因此，应为仔兔提供30～32 ℃的环境温度，以保证仔兔的正常发育和成活率。

三、被毛的生长与脱换

1. 年龄性换毛　指幼兔生长到一定时期脱换旧毛、长出新毛的现象。这种随年龄增长进行的换毛，在兔的一生中共有两次。第一次换毛约在生后30日龄开始到100日龄结束；第二次换毛约在130日龄开始至190日龄结束。但不同品种的獭兔，换毛时间稍有不同。

2. 季节性换毛　指成年獭兔春、秋季的两次换毛。春季换毛在3—4月，脱冬毛长夏毛；秋季换毛在8—9月，脱夏毛长冬毛。换毛的早晚和换毛的持续时间受獭兔的年龄、性别、健康状况、营养水平及气候的影响。

四、生长发育特点

獭兔在胚胎期的生长发育，前期较慢，后期较快。胎儿的体重不受性别的影响，但受胎儿数量和母兔营养水平的影响。

獭兔出生后早期生长发育速度很快。仔兔断奶前的生长速度，除受品种因素的影响外，主要取决于母兔的泌乳力和同窝仔兔的数量。泌乳力越高，同窝仔兔越少，仔兔生长越快。仔兔在断奶后的生长速度，主要取决于兔的品种和饲养管理水平。

生长发育期的公母兔在8周龄前的生长速度并无差异。但在8周龄至性成熟期，母兔的生长速度显著比公兔快。因此，同品种并在相同条件下育成的兔，母兔总是比公兔的体重大些。

第二节　獭兔的饲养管理关键技术

一、獭兔饲养管理的一般原则

（一）饲养原则

1. 以青粗饲料为主，精料为辅　獭兔为单胃草食动物，应以青粗料为主，营养不足的部分用精料补充。日粮中精料用量偏高，饲养成本增加，还易发生消化道疾病。

全价配合颗粒饲料中，苜蓿草粉可占50%～70%；利用其他的优质牧草，也可占50%左右。

2. 合理搭配，饲料多样化　獭兔日粮应由多种原料构成。如果单喂禾本科牧草，蛋白质、氨基酸往往不足；单喂豆科牧草，不仅能量不足，粗蛋白中的氨基酸也不能充分吸收。将禾本科与豆科牧草合理搭配，营养就较为完善，可明显提高饲料利用率。

加工配合饲料，应有5种以上的饲料原料，以满足獭兔各种营养的需求。

3. 定时定量，少给勤添 定时，即固定时间喂饲料，使獭兔养成良好的采食习惯，形成条件反射，有利于饲料的消化吸收。定量，即根据獭兔的年龄、体重、生理状态及环境气候等，规定每天饲喂量。生长兔以兔吃饱为度；种公兔以满足营养需要为度，如非配种期的种公兔吃七八成饱即可。同时要做到少喂勤添，让兔在短时间内吃完槽中的饲料，保证饲料新鲜及旺盛的食欲。

仔兔每日哺乳1～2次；幼兔日喂3～5次；青年兔及成年兔日喂2～3次。体重大、瘦弱的，冷天多喂；体重小、膘情好的，热天少喂。气温较高时，早饲早、午饲精、晚饲饱，以提高消化利用率。

4. 更换饲粮要逐渐增减 獭兔在不同生理阶段，使用不同饲料；一年之中，饲料的种类、原料及来源发生变化。如夏、秋季青绿饲料充足，冬春季干草和块根类饲料较多。更换饲料种类时，逐渐增加新用饲料量，有一个过渡过程，以利于消化及消化道内有益菌群的逐渐适应。突然改变饲料往往引起采食量下降或贪食过多，严重时能导致消化机能紊乱，甚至造成疾病。

一般地，将同一种牧草由青草变为干草或干草变为青草，只需1周时间过渡即可。如果更换为其他种类的饲草，需要10天以上，并应每天认真观察獭兔的变化，一旦出现异常现象，立刻恢复饲喂原来的饲料。

5. 添加夜草 根据獭兔的生活习性，晚上喂料量应多于白天。夜间要加喂粗饲料。

6. 注意饲料品质，认真做好饲料调制 在养兔生产中，要注意饲料品质，做到十不喂：①带露水的草不喂；②腐烂变质的饲料和饲草不喂；③带泥土的草和料不喂；④被粪便污染的草和料不喂；⑤有异味的饲料不喂；⑥有毒的草不喂；⑦带农药的草不喂；⑧被化学药剂污染的草不喂；⑨冰冻草和料不喂；⑩水洗和雨后的草不马上喂。

同时，按照各种饲料的不同特点进行合理调制，做到洗净、切碎、煮熟、调匀、晾干，以提高饲料利用率并达到防病目的。

7. 供足饮水 獭兔日需水量较大，尤其夜间饮水次数较多，即使饲喂青草和新鲜蔬菜，仍需供给一定量的水。在饲喂颗粒饲料时，中、小型獭兔每天每只需水 300～400 毫升，大型兔需水 400～500 毫升。

（二）管理原则

1. 保持安静，防止惊扰 獭兔胆小怕惊，听觉灵敏，经常竖耳收听四方声响。突然的声响，陌生人或犬、猫等动物的出现，獭兔都会表现紧张不安，用后脚拍击笼底板，继之骚动，在笼内乱蹦乱窜。这些惊扰，轻者可致獭兔消化紊乱、孕兔流产，重者可致死亡。所以，兔场应严禁饲养犬、猫等动物，不鸣放烟花爆竹，饲养管理过程中动作要轻、稳、不发出突然声响。

2. 讲究卫生，保持干燥 獭兔个体小，抗病力差且爱清洁、喜干燥，污秽潮湿的环境常常是獭兔患病的主要原因。每天打扫兔笼，及时清除粪便，定期消毒等工作都是日常管理的经常性工作，一定坚持做好。

3. 夏防暑，冬防寒 獭兔怕热，兔舍温度超过 25 ℃时獭兔的食欲就会下降，30 ℃以上时獭兔呼吸急促，对食欲、生长、繁殖乃至生命都会带来危害，所以，夏季高温季节应做好防暑工作。

獭兔比较耐寒，寒冷不致威胁獭兔的生命，但会对獭兔的正常生活有影响。当舍温低于 10 ℃时，獭兔采食量增加，活动减少，繁殖性能受到影响。所以，严冬季节也要注意防寒。冬季繁殖时更应注重对新生仔兔的保暖护理。

4. 分笼分群 应根据獭兔品种、生产目的、年龄、性别等不同，对獭兔实行分群管理。种公兔和繁殖母兔应单笼饲养；幼兔应公母兔分开并分笼或分小群饲养；中兔应公母兔分群单笼饲养；育肥期间群养，但群体不宜过大。

5. 每天仔细观察兔群 重点观察食欲、饮欲表现，粪便的质和量，行为表现，鼻部干湿情况，眼部情况及被毛光泽等，发现问题及时处理。

6. 经常检查牙齿和足底 獭兔由于饲料过软或门齿畸形而磨牙不够，门齿过长并突出唇外，上下颌不能正常咬合，影响采食和咀嚼。所以要经常检查、及时修剪；獭兔爪底皮肤易磨破感染，要早发现、早治疗，防止脚皮炎。

7. 注意运动，保证健康 若运动不足，则会影响健康，造成种兔繁殖力低下，幼兔生长缓慢。应每天将獭兔放到运动场运动，生长期兔 2～3 小时/天，成年兔 1～2 小时/天。

二、獭兔不同生理时期的饲养管理

（一）种公兔的饲养管理

饲养种公兔的目的在于配种、繁殖，以获得更多的优质后代。种公兔饲养管理得好坏，将影响到整个兔群的质量，表现在兔群的生产性能、母兔的受胎率，以及产仔数、仔兔的健康及生长发育等方面。

1. 科学饲养　种公兔的配种能力，主要决定于精液的数量和质量。应为种公兔提供适量优质的蛋白质饲料、充足的维生素、适量的无机盐，以保证种公兔的性欲旺盛、精液品质优良。

（1）根据所在兔场配种期种公兔的体况及品种利用情况，制订种公兔的饲喂标准。

①全价配合饲料。全年配种或配种季节应注意保持种公兔的日粮营养水平，日粮消化能水平不低于10.46兆焦/千克，粗蛋白含量17%，还应适量添加动物性蛋白质如鱼粉、肉骨粉，以及维生素添加剂等，尤其是维生素A和维生素E的添加水平。如采取季节性配种，非配种期的种公兔需要恢复体力，并保持适当膘情，营养不要过高，蛋白水平应控制在15%左右。每只每日饲喂量应控制在150克左右，并根据膘情进行适当调整。

②如使用配合精料与青饲料混合饲养，精料每日饲喂量为100～200克，青料每日供应量700～800克。饲喂程序为“先精、后青、再精”。

③饲喂次数。可根据种公兔的品种、体型作适当调整，采取每日饲喂2次或自由采食的饲喂方法。

④适当限饲，防止肥胖，特别是非配种期的种公兔采取限量饲喂。种公兔体型过大会导致：脚皮炎的概率增大；性情懒惰，爱静不爱动，反应迟钝，配种能力下降，迟迟不能交配成功，配种时间长。另外，体型越大，消耗的营养越多，种用寿命越短，经济效益相对越低。控制种公兔体重是一个技术性很强的工作，需从后备期开始，配种期坚持。常

采取限饲的方法，禁止自由采食，切忌饲喂适口性差、容积大、水分过多或难以消化的饲料，以免造成腹部过大或消化不良而抑制种公兔的性活动。

（2）根据精液品质及数量、使用状况及其他情况及时调整营养标准和日粮数量。

2. 日常管理

①对种公兔自幼就应进行严格选育，3 月龄时即应单笼饲养，严防早配。

②适时初配，青年公兔须注意适时参加配种，过早过晚初配都会影响公兔的性欲，降低配种能力。一般大型品种獭兔的初配年龄为 8 月龄，中型品种为 7 月龄，小型品种为 6 月龄。

③种公兔应饲养在距母兔较远的笼内。配种时将母兔捉送到公兔笼内。

④合理使用种公兔。种公兔的使用应掌握合理的强度，严禁使用过度。青年公兔一天配种一次，连用 2～3 天，休息一天；壮年公兔一天配种一次，一周休息一天；或一天 2 次，连用 2～3 天，休息一天，日配种 2 次时间隔时间应在 4 小时以上。种公兔换毛时期及高温季节，应减少配种，甚至应停止配种。

⑤保持适宜的温度。舍内气温最好保持 15～20 ℃。高达 30 ℃时需降温，低至 10 ℃时需要升温。

⑥种公兔应每天放出运动 1～2 小时，增强体质。

⑦做好配种记录，便于选种选配。

⑧种公兔兔笼应保持清洁干燥，经常洗刷消毒。

（二）种母兔的饲养管理

种母兔是兔群的基础，在空怀期、妊娠期和哺乳期 3 个阶段，需据其生理特点进行科学的饲养管理。本工作主要是根据所在养兔场生产实际，独立或配合完成空怀母兔、妊娠母兔和哺乳母兔的饲养管理任务。

1. 空怀期的饲养管理 经产母兔在仔兔断奶后尚未再次配种，称为空怀期。空怀母兔由于哺乳期消耗了大量营养，体质瘦弱，为了保证下次正常配种繁殖，需要恢复体况。

（1）科学饲养

①全价配合饲料：空怀母兔要求营养全面，其全价配合饲料营养水平应低于妊娠与哺乳母兔（参看饲养标准），每只每日饲喂量应控制在150克以下，并根据膘情进行适当调整。空怀期的母兔一般应保持在七八成膘的水平，过肥或过瘦都会影响发情、配种。

②使用配合精料与青饲料混合饲养：青草丰盛时，供给充足的优质青草，再加少量精料即可满足营养需要。体重3～5千克的母兔每日可饲喂青绿饲料600～800克，补加20～30克混合精料。枯草期可饲喂优质干草125～175克，多汁饲料100～200克，混合精料35～40克。对于体质较差的母兔，在保证青饲料的同时，应适当增加精饲料的比例或给量，日加精料50～100克；体况较好的母兔，应注意增加运动，加大青绿饲料、粗饲料的供给，这样利于减膘，增强体质。饲喂程序为“先精、后青、再精”。

③饲喂次数：可根据空怀母兔的品种、体况等作适当调整，每日饲喂2次，自由采食或限量饲喂。

④及时调整营养标准和日粮数量：根据空怀母兔的品种、体况及其他情况等及时调整营养标准和日粮数量。

（2）日常管理

①定时观察种兔的采食、饮水、活动、精神及粪尿情

况，并做好记录，如发现异常情况，应及时处理。

②坚持每天清扫兔舍粪污及其他污物，定期清洗、消毒兔笼、饲养用具。

③一旦出现疾病并引起繁殖障碍时，要及时治疗。对长期不发情的母兔，除改善饲养管理条件外，还可采用人工催情。

2. 妊娠期的饲养管理　母兔从配种怀孕到分娩为妊娠期。母兔在妊娠期间，除满足自身营养需要外，还要保证胚胎生长、乳腺发育和子宫增长的需要，要消耗大量的营养物质。

（1）科学饲养

①全价配合饲料：妊娠前期（1～18 天）营养应全面，营养水平稍高于空怀母兔即可（参看饲养标准）。适当增加饲喂量，每只每日饲喂量应控制在 150～200 克。妊娠后期（19～30 天），胎儿增长速度很快，需要营养物质增多，饲养水平应比空怀母兔高 1～1.5 倍，自由采食不限量。

②使用配合精料与青饲料混合饲养：自由采食青粗饲料、补加配合精料时，配合精料控制在 80～100 克。

（2）做好日常管理

①保持环境安静，光线不能过强，禁止陌生人围观和大声喧哗，更不可让其他动物闯入，防止受惊。

②妊娠母兔的饲养，应一兔一笼，不要无故捕捉，摸胎动作要轻柔。

③每天清扫兔舍，及时清粪，定期清洗、消毒兔笼、饲养用具。

④饲料要清洁、新鲜，冬季饲料和水的温度不能太低。

⑤定时观察种兔的采食、饮水、活动、精神及粪尿情

况，并做好记录，发现有病兔应及时隔离处理，查明原因。

⑥临产前3～4天就要准备好产仔箱，清洗消毒后铺垫一层晒干并敲软了的稻草或其他垫料，在临产前1～2天放入笼内，供母兔拉毛筑巢。

⑦在实际生产中，有的母兔妊娠期较长。如果超过预产期3天还未能分娩就应该采取催产措施，可肌内或皮下注射催产素催产。

⑧母兔产仔时保持安静，并及时供水，以免因受惊或口渴而食仔。

（3）及时进行妊娠诊断　在母兔配种后8～12天通过摸胎进行妊娠诊断，以便对兔群分类管理，对未孕母兔及时配种，减少空怀时间，提高繁殖率。

（4）产仔护理

①辅助拉毛：母兔在产前1～2天要拉毛做窝，对于初产母兔产前或产后可人工辅助拉毛。有一些初产母兔及个别经产母兔不会拉毛，对此可在产前人工诱导拉毛或辅助拉毛。具体方法是：将母兔保定，腹部向上，将其乳头周围的毛拔下一些放在产箱里，这样可诱导母兔自己拉毛。对于产前没有拉毛的母兔，可在产后人工辅助拉毛。应该注意的是，无论是在产前还是产后，拉毛面积不可过大，动作要轻，切记不可硬拉而使母兔的皮肤或乳房受伤，也防止对母兔的刺激太强。

②接产：在母兔产前，应为其备好一些温开水放在笼内，若能备些淡盐水（含盐量1%左右）或红糖水更好。母兔产后口渴，将仔兔掩护好后便会出来找水喝，此时如果没有水喝，即有可能返回产箱将仔兔吃掉。待母兔分娩完后可将产箱取出，清点仔兔数，扔掉死胎、弱胎及污物，换上新

垫草。检查仔兔是否已经吃过奶，如果仔兔胃内无乳，应在6小时内进行人工辅助哺乳。冬季应注意观察，防止母兔将仔兔产于产箱外而使仔兔受冻致死。

3. 哺乳期的饲养　母兔从分娩至仔兔断奶阶段为哺乳期。母兔哺乳期间，需要维持自身的生命活动，还要分泌乳汁。此期饲养管理的好坏对母兔、仔兔的影响都很大。

（1）科学饲养

①全价配合饲料：母兔分娩后1～3天，乳汁较少，消化功能尚未完全恢复，食欲不振，体质较弱，消化能力低，这时饲料喂量不宜太多，否则会引起消化不良，母兔易患肠毒血症和乳腺炎。5天以后喂量逐渐增加，1周后恢复正常喂量，达到哺乳母兔饲养标准。随着时间的延长，母兔泌乳量逐步增加，应自由采食。

②使用配合精料与青饲料混合饲养：母兔分娩后1～3天，应以青饲料为主，饲喂易消化的混合精料50～75克。1周后恢复正常喂量，混合精料逐渐增加到150～200克。

（2）日常管理

①母兔产后要及时清理巢箱，清除被污染的垫草及残剩的胎盘和死胎。以后每天清理笼舍，保持干净清洁，每周清理巢箱并更换垫草。

②对于产前没有拉毛的母兔要人工辅助拉毛。

③经常检查母兔的乳头、乳房，了解母兔的泌乳情况，如发现乳房有硬块，乳头有红肿、破伤情况，要及时治疗。

④定时观察母兔的采食、饮水、活动、精神及粪尿情况，并做好记录，如发现异常情况，应及时处理。

⑤坚持每天清扫兔舍粪污及其他污物，定期清洗、消毒兔笼、饲养用具。

⑥保持环境安静，不随意捉捕、吼吓、追打母兔，不在母兔哺乳时随意挪动产仔箱或将母兔赶跑，母兔在场时不拨弄仔兔，以防吊奶。

⑦对拒哺母兔进行调教　母兔产后观察，约 5 小时后，泌乳正常但仍不自行哺乳的需进行调教，方法是：抚摸母兔使其安静，然后将其放在产箱里，将仔兔放在母兔乳头旁，让其吸吮。整个过程在饲养人员的监护和保定下进行，每天 4～5 次，经过几天后即可调教成功。

⑧采用母仔分开、定时哺乳的饲养方式　即将仔兔放在产仔箱内，安置在适当的地方，做好保温工作，哺乳时将仔兔送回母兔笼内。分娩初期可每天哺乳 1～2 次，每次 10～15 分钟；20 日龄后可每天哺乳 2～3 次。这种饲养方法的优点是可了解母兔的泌乳情况，减少仔兔吊奶受冻；掌握母兔发情状况，做到及时配种；避免母仔争食，增强母兔体质且仔兔断乳重大；减少球虫感染；培养仔兔独立生活能力，断乳应激小。

哺乳母兔饲养管理的好坏，一般可根据仔兔生长和粪便情况进行辨别。饲养管理良好时，母兔泌乳充足，仔兔吃饱后腹部胀圆、肤色红润，产仔箱内清洁干燥、很少有仔兔粪尿。

（3）人工催乳　若母兔无乳或少乳，可进行人工催乳。①夏季多喂蒲公英、苦荬菜；冬春季多喂胡萝卜等多汁饲料，充分满足饮水。②芝麻一小撮，生花生米 10 粒，食母生 3～5 片，捣烂饲喂，每日 1 次。③豆浆 200 毫升煮沸，晾温，加入捣烂的大麦芽或绿豆芽 50 克，红糖 5 克，混合喂饮，每日 1 次。④人用催乳片（中成药），每日 3～4 片，连喂 3～4 天。⑤对产前不拉毛的母兔，人工辅助拉毛，分娩后尽量让母兔吃掉胎衣、胎盘。

（4）断乳　母兔的泌乳量在分娩后逐渐增加，至 21 天左右达到高峰后开始下降。母兔的泌乳期可长达 2 个月之久，但 1 个月之后其泌乳量大幅下降，远远不能满足仔兔的需要。因此，仔兔的哺乳期不可过长，否则对母兔和仔兔均无益处，应适时断乳。一般 30 日龄左右一次性断乳。

（5）预防乳房炎　为了防止母兔发生乳房炎，产前 3 天就要减少精料、增加青饲料，而产后 3～4 天要逐步增加精料，多给青绿多汁饲料，并增加鱼粉和骨粉，同时每天喂给磺胺噻唑 0.3～0.5 克和苏打片 1 片，每日 2 次，连喂 3 天。

引起哺乳母兔乳房炎的原因很多，有的是母兔泌乳过多，仔兔太少，乳汁过剩所致；有的是母兔泌乳不足，仔兔过多，引起争食而咬伤乳头所致；有的因产仔箱出入口太高，刮伤乳房所致。对于泌乳量过多而产仔少者，可采取寄养法；对于奶水不足的母兔，可减少仔兔数量，给仔兔添加煮熟的黄豆、米汤或红糖水，补充牛奶的效果更好；也可给母兔喂“催乳片”。每次喂奶后要及时检查母兔乳房，看乳汁是否排空，发现乳房有硬块要立即处理；发现乳头有破裂者需及时消毒，防止感染。要搞好笼舍的环境卫生，保持清洁、干燥，经常检查笼底板及巢箱的安全状态，以防损伤乳房或乳头而引起乳房炎。另外，可给母兔定期注射葡萄球菌疫苗。

（6）哺乳期配种　如采取频密繁殖，母兔营养状况良好，产后第 2 天即可进行“血配”，也可在哺乳 15 天时配种。如母兔营养状况不好，应延期配种。

（三）仔兔的饲养管理

1. 仔兔的特点　从出生至断奶的小兔称仔兔。初生仔兔裸露无毛，无体温调节能力，活动能力差。4 日龄才有细绒毛长出，8 日龄耳朵张开，10～12 日龄睁眼。10 日龄后体温才逐渐恒定，对温度变化敏感，尤其怕冷。20 日龄后开始采食饲料，30 日龄被毛长齐。护理要点是初期哺乳、保温、防鼠、寄养；中期及时诱食、开食；后期适时断乳，平稳过渡。

2. 仔兔的饲养

（1）*早吃奶，吃足奶*　这是提高仔兔早期成活率的关键。

产后要及时检查哺乳情况，保证仔兔在生后 6 小时内吃到初乳。吃饱的仔兔腹部圆满，肤色红润，安静少动；未吃饱时，皮肤有皱褶，肤色发暗，骚动不安。对于吃不足奶的要采取以下措施：

①人工辅助哺乳：对泌乳正常但不会自行哺乳的母兔人工辅助哺乳（调教）。

②调整寄养仔兔：对于吃不饱或吃不上奶的仔兔要及时寄养。泌乳正常的母兔，可哺育 8 只（与奶头数相同）仔兔。

仔兔寄养应在 2 日龄内进行，应选择出时间相同或相近的仔兔并窝，保姆兔泌乳多且母性好。寄养时按体重、体质分窝，在寄养的仔兔身上抹几滴被寄母兔的尿液或乳汁，混窝时翻动所有仔兔，充分相互接触，混合气味，使母兔难以辨认，更易成功。

③分批哺乳：如若找不到保姆兔，而母兔体质健壮、泌乳力强的情况下，可将仔兔按体质分为两批，早晨乳汁多时给体重小的仔兔哺乳，傍晚时给体重大的仔兔哺乳。此间应给母兔增加营养，仔兔应及早补料。

（2）*提早开食*　随着仔兔的生长，母兔泌乳量逐渐减少。仔兔可从 16～18 日龄开始诱食，约 20 日龄正式补料。饲料应保证容易消化、营养丰富。养殖户通常待仔兔自己出产仔箱后，直接采食母兔的饲料。种兔场一般要求专门配制仔兔补饲料。

3. 仔兔的管理

（1）保暖　产仔箱内，放置保温性好、吸湿性强、干燥松软的稻草、麦秸或碎刨花等物，再铺一层兔毛。铺垫兔毛的数量，据气温而定，冷天加厚，热天减少。条件好的兔场，应保持舍内 15～25 ℃。也可在产仔箱上设保温盖，母兔哺乳后盖盖，哺乳时再打开盖子。

（2）防鼠类的侵害　老鼠最易侵害睡眠期的仔兔。要做好兔舍的防鼠工作，室外养殖的可将仔兔集中管理，专人看管，采取定时哺乳的方式。

（3）搞好卫生　仔兔开食后，粪便增多，必须坚持每天清扫，定期消毒，产仔箱要勤换垫草，保持清洁干燥。潮湿的产仔箱不利于保温，更易引发疾病。要严格纠正母兔在产箱内排泄的恶习。仔兔与母兔最好分开饲养，每天定时哺乳，使仔兔吃食均匀，减少接触母兔粪便的机会。仔兔断奶前，及时做好饲喂用具及栏舍的清扫、消毒工作，保证断奶仔兔有良好的环境。

（4）防止发生黄尿病　仔兔出生 1 周内多发。其原因是患乳腺炎的母兔乳中含有葡萄球菌，仔兔吃后便发生急性肠炎，尿液呈黄色，并排出腥臭而黄色的稀粪，沾污后躯。患兔体弱无力，皮肤灰白、无光泽，很快死亡。防止此病的关键是防母兔乳房炎，并且要保持干净、清洁的环境。对患有乳腺炎的母兔及时治疗。另外，给母兔定期注射葡萄球菌疫苗，对防止发生黄尿病更加有效。

（5）*防止吊乳*　母兔跳出产仔箱，并将仔兔带出的现象称为吊乳。母兔泌乳不足、仔兔过多，难以让仔兔吃饱，造成仔兔较长时间吸着乳头不放；或者在哺乳时母兔受到惊吓而突然跳出产仔箱。被吊出的仔兔很容易冻死、踩死、饿死。

哺乳期间应密切观察，出现仔兔被吊出时，尽快将其送回产仔箱并查明原因，采取相应措施。如因母乳不足造成，则应调整母兔日粮结构，适当增加饲料量，多喂青料和多汁料，补充营养价值高的精料；如因管理不当造成，则应改善母兔哺乳环境，保持安静等。

（6）*预防疾病*　因仔兔开食时不辨香臭，会误食母兔粪便、环境中的异物，将病原微生物、寄生虫卵等一同食入，发生球虫病、脓毒败血症等疾病，严重影响仔兔的生长发育，还可能引起大批死亡。因此，仔兔开食和断奶期间，可在料中添加木炭粉、无机盐和洋葱、大蒜等，以健胃、消炎和杀菌，增强体质，减少疾病；还可添加氯苯胍或地克珠利等抗球虫药物。

4. 适时断奶　断奶过早，仔兔的消化系统尚未发育成熟，对饲料的消化能力差，影响生长发育。断奶过迟，仔兔长期依靠母乳，消化机能发育不全，仔兔生长迟缓，同时影响母兔健康和繁殖性能。现多于16～18日龄开始人工诱食，28～32日龄断乳。

（1）*抓断奶体重*　由于环境和饲料发生改变，仔兔从断奶向幼兔的过渡非常关键。要求仔兔30天断奶时体重力争达到中型兔500克以上，大型兔和配套系600克以上。这就要提高母兔的泌乳力，调整好母兔哺育的仔兔数，抓好仔兔的补料。

（2）*正确断奶，减少断乳应激*　断奶时如果处理不好，在断奶后2周左右仔兔增重缓慢，生长停止或减重，甚至发病死亡，直接影响经济效益。所以断奶分窝时要注意以下几点：①断奶前采用母仔分开、定时哺乳的饲养方式。②分窝时最好原窝在一起，实行小群笼养，切不可一兔一笼。③断奶后1～2周内应保持饲料不变，以后逐渐变换饲料。④保持环境条件不变。⑤管理方式不变。

（四）幼兔的饲养管理

从断奶至3月龄的小兔称幼兔。断奶是獭兔一生中生理上的第二次大转折，如管理不善，极易引起疾病甚至死亡，必须实施精细管理。幼兔的特点是生长发育快，抗病力不强。幼兔阶段是獭兔一生中死亡率最高的阶段，死亡高峰多出现在断奶后的2～4周，需精心养护。

1. 科学饲养

（1）饲料过渡饲喂　幼兔断奶1～2周内继续饲喂补饲料，幼兔颗粒料应逐渐加量，2周左右全部使用幼兔颗粒料，以防因突然变料而导致消化系统疾病。

（2）断奶幼兔的饲料应营养全面、易消化，适口性好　饲料消化能水平约12兆焦/千克，粗蛋白含量18%。

（3）定时限量饲喂　断乳后的幼兔前3周左右不宜喂得过饱，只需喂八九成饱，否则会产生腹胀与消化不良等。投料时间宜早上早投，晚上晚投。饲喂要定时定量，少量多次，一般以每天喂3～4次为宜。

2. 日常管理

（1）定期称重，分群管理　刚断奶的幼兔，应按日龄、体质、体重等分群饲养。笼养一般每笼8只，体重达1.5千克后，再分为每笼4只。一笼养几只，主要取决于笼位的面积与食槽、饮水器等是否满足需要。

（2）加强检查　每天清晨，细心观察幼兔的神态、采食、粪便等，判断健康状况。发现食欲下降、精神萎靡、目光呆滞、粪便不正常的幼兔，及时隔离饲养，找出原因，采取措施，做到有病早发现、早隔离、早处理。要养成只要接近兔，就留意观察兔子、兔笼、饲槽、水槽、粪尿状态、地面卫生、门窗的好习惯。

（3）做好卫生　认真做好清洁卫生工作，保持圈舍清洁、干燥、通风。

（4）做好选种工作　根据兔本身的生长发育情况及系谱资料选择，符合留种要求的要及时编号登记，建立种兔档案，并及时打耳号。不符合要求的转入生产群或及时淘汰。

（5）加强运动，促进幼兔生长　有条件的要放到运动场每天运动2～3小时。

（6）及时免疫，注意防病　幼兔要及时打兔瘟、巴氏杆菌病和魏氏梭菌病等疫苗，以增强抵抗力，减少疾病。严防球虫，投药预防。

（五）后备兔的饲养管理

3～5月龄（初配前）准备留作种用的未成年兔，称为后备兔，又称青年兔或育成兔。后备兔的抗病力强，死亡率低，是獭兔一生中最好饲养的阶段。

1. 科学饲养

（1）全价配合饲料　后备兔具有生长发育快，尤其以骨骼和肌肉生长较快，体内代谢旺盛，采食量大等特点。饲料中要保证足量的蛋白质（15%～16%）、钙、磷、锌、铜、锰、碘等矿物元素和维生素A、维生素D、维生素E的供给。粗纤维的成分要略高些，可达17%以上。

为了充分发挥生长后备种兔的潜力，要采取前促后控的策略，后期不能使其体重无限生长，保持一定膘情，防止过肥。一般控制生产群初配体重达到该品种成年体重标准的70％以上即可，如成年獭兔体重应控制在3.5～4.0千克，不超过4.5千克。即当达到一定体重后，每天控制喂料量85％左右，限制饲养。

（2）粗饲料加配合精料　为了控制后备兔体重，可根据后备兔膘情适当限制精料比例，增加优质青饲料和干青草的喂量，在保证生长发育营养需要的前提下，降低饲料成本。日粮构成可按75～100克精料补充料（颗粒料），加500克青饲料搭配；适当限制能量饲料，尤其在4月龄之后，以防后备兔长得过肥。

2. 日常管理

（1）选种鉴定　对4月龄公母兔要进行一次综合鉴定，将符合种用要求的后备兔编入种兔群，次等兔编入商品兔群，劣等兔及时淘汰。淘汰的毛用公兔及时去势，以便于管理，提高生产性能。

（2）单笼饲养　一兔一笼，公母兔的笼位应相互远离，以防早配、滥配或相互干扰。

（3）加强培育　对编入种兔群的后备公兔，从6月龄开始训练配种，一般每周交配1次，以促进早熟，增强性欲。

（4）做好配种准备工作

（5）适时出栏　獭兔在5～6月龄时毛皮质量最好，要注意适时出栏。

（六）商品獭兔的饲养管理

商品獭兔的饲养管理目标是获得高质量的皮张。獭兔皮的质量取决于皮毛的成熟度和换毛时期。

1. 前促后控

（1）前促　3月龄以前，无论是体重的增长还是毛囊的分化，都相当迅速。而且体重增长越快，毛囊分化越快。因此，此期要注意加强营养，促进早期生长发育。一般要求仔兔30天断乳重500克以上，3月龄体重达到2千克以上，即可实现5月龄时有理想的皮板面积和被毛质量。

（2）后控　獭兔的育肥期时间比肉兔的长，不仅要求商品獭兔有一定的体重和皮板面积，还要求皮张质量，特别是要遵循兔毛的脱换规律，要求被毛的密度和皮板的成熟度。如果仅仅考虑体重和皮板面积，一般在良好的饲养条件下3月龄可达到一级皮的面积，但皮板厚度、韧性和强度不足，被毛的强度和长度比较差，生产的皮张利用价值低。超过3月龄以后，体重增长和毛囊分化速度急剧下降。如果继续高营养水平饲养，则会出现营养过剩现象（如皮下脂肪沉积）。因此，3月龄后可根据情况适当控制。一般有两种控制方法：①控质法，即控制饲料的质量，使其营养水平降低，如能量降低10％，粗蛋白质降低1～1.5个百分点，仍然自由采食；②控量法，即控制喂料量，每天投喂相当于自由采食量80％～90％的饲料，而饲养标准和饲料配方与前期相同。控制标准是在不同的季节，均将第二次换毛结束时的体重控制在2 750克左右。如此，可以节省饲料，降低饲养成本，而且可使育肥兔皮张质量好，皮下不会有多余的脂肪和结缔组织。

2. 防吃毛　兔吃毛或叼毛会造成被毛缺损，影响质量。

（1）了解造成吃毛的原因

①饲料营养不平衡，缺少含硫氨基酸、维生素、微量元

素等。

②饲养密度大、拥挤等应激因素。

③相邻兔笼间隔网孔隙太大，躺卧时被毛穿过孔隙进入相邻兔笼，相邻的兔就会通过孔隙啃咬叼吃。

④皮肤真菌病、螨病以及其他皮肤疾病，因皮肤瘙痒而啃咬，引起吃毛。

（2）控制吃毛

①饲喂商品獭兔全价平衡饲料，降低商品獭兔饲养密度。

②最好采取单笼饲养。

③相邻兔笼间使用密网、加隔板或采用双层隔网间隔，两层隔网间留有3厘米左右的间隔，可有效防控叼毛、吃毛。有的兔场将兔笼隔为50厘米深、15～17厘米宽的小笼位，用窄笼限制獭兔回头，可减少吃自身被毛以及被啃毛、抓伤、刮伤和咬伤。

④如由于皮肤真菌病、螨病以及其他皮疾病引起，则应先治疗相应疾病。如属于异食癖，可参考本书兔病防治部分。

3. 适时出栏 出栏时间根据季节、体重和兔群表现而定。在正常情况下，3～3.5月龄第一次年龄性换毛后，此时被毛光润并呈标准色彩，体重已达2～2.5千克，即可取皮，但皮板面积、皮板质地、被毛密度、被毛长度等还不能达到优质皮标准，不能作毛领路，售价比较低，但由于饲养时间短，饲养成本比较低，所以也能取得一定的经济效益。5～6月龄第二次换毛后达到2.5～3千克，此时不仅毛皮品质优良，而且皮张面积大，被毛密长而丰厚，可达到优质皮标准，作毛领路，售价最高，但由于饲养期较长，行情不好或饲料成本比较高时经济效益也会受到影响。如果在第二次年龄性换毛后没能及时取皮，可能会出现下一次季节性换毛，需要等被毛再一次脱换基本完成后才能取皮，会延长几十天的饲养期，大大增加饲养成本，降低经济效益。不同的地区、季节、品系和个体，尤其是不同的营养水平，被毛的脱换规律和速度不同。因此，在出栏前，一定要进行活体验毛，认真检查被毛的脱换和毛绒状态，以被毛质量为标准，时间服从质量，确定出栏时间，并且了解市场行情变化，以最合理的经济效益作为判断出栏的依据。

4. 预防皮肤病 皮肤真菌病、螨病及其他皮肤疾病对皮毛质量影响极大，需严加防控。

第六章 獭兔的繁育关键技术

第一节　獭兔的生殖生理

一、性成熟

獭兔生长发育到一定年龄，公、母兔产生成熟的精子、卵子，交配后能受孕产生后代时，称为性成熟。

獭兔性成熟年龄因性别、品种、营养水平的不同稍有差异，母兔的性成熟年龄较公兔早，小型品种较大型品种早，营养条件好的较营养水平差的早。

二、初配年龄

獭兔性成熟时，身体的发育尚未成熟，此时配种，影响发育，所产的仔兔体重小，母兔泌乳力差，仔兔育成活率低。一般来说，体重达到成年体重的70%以上即可初配。小型品种为4～5月龄，体重达2.5～3.0千克；中型品种为6～7月龄，体重达3.5～4.0千克；大型品种为7～8月龄，体重达4千克以上。

三、利用年限

獭兔繁殖的最佳年龄是1～3岁，1岁之前虽已达到繁殖年龄，但在生理等方面未达到完全成熟，而3岁以后则进入老年期，繁殖力明显下降。因此，种兔可用于繁殖的年限一般为2年。如果体质健壮，使用合理，可适当延长。频密繁殖时，按所产的胎次确定淘汰时间，一般产10～12胎即行淘汰。对繁殖力较差、体质下降较快的兔要及时淘汰。

四、母兔的发情与发情周期

1. 发情周期 母兔的发情周期一般为8～15天，多数在14天左右，发情持续期为3～4天。獭兔是刺激性排卵动物，母兔发情后不与公兔交配，成熟的卵泡经10～16天被吸收，新的卵泡又开始发育，形成母兔的发情周期。

2. 发情表现 兔活跃，爱跑跳，脚爪刨地，后肢顿足，食欲不振，采食量减少，常常摩擦下颌。性欲旺盛的母兔还有爬胯公兔或其他兔的行为。公兔追逐爬胯时，后躯抬高迎合公兔。

母兔在间情期，外阴部黏膜苍白、干涩；发情初期呈粉红色，发情盛期时呈潮红或大红色，水肿湿润；发情后期为紫红色、皱缩。从粉红色到紫红色消退为3～4天，称发情持续期。

自然交配的最佳时间为发情盛期；人工授精的时间，以排卵刺激后2～8小时输精为宜。

五、妊娠

受精后，受精卵在子宫内生长发育，这个过程称为妊娠。獭兔的妊娠期平均为 30～31 天。但其妊娠期的时间因品种、年龄、个体营养状况、胎儿数量等情况而异。一般大型品种比小型品种长，老年母兔比青年母兔长，怀胎儿数量多的比数量少的长，营养健康状况好的比差的长。

公、母兔交配后，约 15 分钟精子即可运行到母兔输卵管的壶腹部，在此经 6～10 小时的获能过程后具备受精力，其保持受精力的时间为 30 小时。母兔卵子是在接受交配后 10～12 小时排出，经 4～6 分钟即到达壶腹部，在此停留 4～6 小时以后失去受精力。卵子受精力最强的时间是在排出后 2 小时内。

母兔是双子宫动物，受精后 72～75 小时胚胎进入子宫，两侧子宫均可着床，7.5 天胎膜与母体子宫黏膜相连，形成胎盘。

六、分娩

1. 分娩 胚胎发育成熟后排出体外的生理过程称为分娩。母兔在分娩前几天，乳房充盈，腹部凹陷，食欲降低，叼草、用嘴拉下腹毛，在产仔箱内做窝。分娩前几小时，精神紧张，跳进跳出产仔箱。

母兔分娩时阵痛，努责，排出胎水，最后呈犬坐姿势，顺次产出仔兔（连同胎衣）。每产出一个仔兔，母兔便将脐带咬断，吃掉胎衣，舔干仔兔身上的血迹和黏液。分娩结束后跳出巢箱找水喝。母兔的产程一般都较顺利，产完一窝约需 20～30 分钟。

2. 分娩管理 做好配种记录，在预产期前 3～4 天放入产仔箱，内置干净、柔软的垫草；产前 1～2 天，不论母兔是否已拉过腹毛，最好再人工代拉乳房周围腹毛，暴露乳头，刺激乳腺，利于产后哺乳。分娩期间应保持环境安静，防止因惊扰而致分批产仔。

分娩结束时，为母兔提供清洁的温水或淡盐水、米汤等，让母兔喝足水，以防其口渴食仔。

七、繁殖季节

在气候适宜的地区，獭兔可长年繁殖。在我国绝大多数地区，季节对獭兔繁殖的影响比较显著。

1. 春、秋季 气温适宜，饲料条件好，是獭兔繁殖的好时机。母兔发情率可达 85%～90%，配种受胎率高达 80%～90%，胎平均产仔数为 7～8 只；仔兔断乳成活率高，幼兔生长发育快，经济效益好。

2. 夏季 气温高，湿度大，獭兔食欲减退，性欲不强，配种受胎率低，产仔数少。当环境温度高于 30 ℃时，公兔性欲降低，射精量少；高于 33 ℃时性欲丧失，即有“公兔夏季不育”现象。母兔发情率仅 20%～40%，受胎率 40%～50%，平均产仔数 3～5 只，影响生产。如果兔舍安装有效的降温设备，则可免除高温的影响。

3. 冬季 气温低，缺乏青绿饲料，营养水平低，种兔体质差，发情受胎率和产仔数均较低，仔兔成活率也低。如果兔舍保温性能好并能供暖，在饲喂全价颗粒饲料的条件下，生产力可不受影响。

第二节　獭兔的繁殖技术

一、发情鉴定

母兔的发情鉴定是安排配种时间的依据，鉴定的准确性是提高母兔受胎率的关键。发情鉴定可从以下3个方面判断。

1. 行为观察　发情母兔表现为活跃不安，跑跳刨地，啃咬笼门，后肢“顿足”，频频排尿，食欲减退。常在食盘或其他用具上摩擦下颌，有的衔草做窝，散养兔有挖洞表现。主动爬跨公兔，甚至爬跨自己的仔兔或其他母兔。

2. 外阴部检查　外阴部可视黏膜的生理变化可作为发情鉴定的主要依据。母兔在休情期，外阴部黏膜苍白、干涩；发情初期，外阴部呈粉红色，发情盛期表现为潮红或大红色，水肿湿润；发情后期，外阴黏膜为紫红色、皱缩。

3. 试情　若母兔发情，把母兔放在公兔笼内，母兔会主动接近公兔，如公兔性欲不强，母兔会咬舔公兔，甚至爬胯公兔；当公兔追逐并爬胯母兔时，母兔愿意接受，并主动将后躯抬高。若母兔不发情，将其放入公兔笼内，则母兔不让交配，跑躲甚至撕咬公兔，即使公兔追逐并爬胯时，母兔也不翘尾巴，用尾巴紧紧压盖外阴部。

二、配种技术

（一）人工辅助配种技术

将发情盛期的母兔放入公兔笼。公、母兔接触后，相互嗅闻，然后公兔追逐母兔，如果母兔正在发情，则略逃数步即伏下等待公兔爬跨，公兔做交配动作时，即举尾抬臀迎合。阴茎插入阴道后，公兔臀部屈弓迅速射精，公兔伴随射精动作发出“咕咕”叫声，后肢蜷缩，从母兔背部滑落，倒向一侧。数秒钟后，公兔站起，再三顿足，说明交配顺利成功，可将母兔送回原笼。

公兔只有交配动作，最后无后躯屈弓蜷缩并伴随“咕咕”叫声，只是前肢缓慢从母兔背上滑下并喘粗气，表明并未交配成功。

母兔不接受交配的，可作人工辅助：用左手抓握母兔双耳及颈皮保定，右手伸入母兔腹下，举高臀部，让公兔爬跨交配。也可改日再配，或换其他公兔交配。

人工辅助交配注意事项：

①配种前全面检查种兔群健康状况，患疥癣、梅毒及其他疾病的种兔，严格隔离治疗；毛用兔在配种前应剪毛；按计划使用优良种公兔。

②“粉红早、黑紫迟、大红正当时”，在母兔发情最旺盛，外阴部黏膜红透、呈大红色时进行配种，可获得较高的受胎率和较多的产仔数。

③交配后，及时将母兔臀部提起来，并轻拍一下，促进阴道和子宫的收缩，防止精液倒流，提高受精率。

④必须将母兔放入公兔笼中交配。

⑤母兔一次发情，可配两次。与第一只公兔交配后，将母兔送回原地，过20～30分钟后再送入第二只公兔笼中进行交配，以防第二只公兔闻到母兔身上有前一只公兔的气味而把母兔咬伤。

⑥注意公、母比例。据观察，1只健壮的成年公兔可为

8～10 只母兔配种，并能保持正常的性活动机能和配种效率。

⑦控制配种频率。科学的使用方法：青年公兔实行隔日配种法，即交配 1 次，休息 1 天；成年公兔 1 天可交配 2 次，连续 2 天休息 1 天。当母兔发情集中时，也可连续使用 3～4 天，但不能滥交。频密使用公兔时，要加强日粮的营养水平，以免影响公兔健康和精液品质。

（二）人工授精技术

采用人工授精技术，可使受配母兔数比本交扩大 10～20 倍，大大减少种公兔饲养量；在种公兔中优中选优，获得更好的效益；人工授精采集的精液，每次都要进行品质鉴定，母兔的受胎率高，产仔数多；公、母兔完全隔离，可有效避免许多疾病的传播。

1. 准备工作

（1）假阴道　外壳用 PVC 管、试管等制作；内胎取 120 毫米长的人用避孕套；集精杯为带有刻度的玻璃杯，外为棕色保护瓶。外保护瓶与内贮精瓶相应磨口套接，可以随时分开。

假阴道的安装。将消毒好的内胎放入外壳内展开，外翻套在外壳的两端，加胶圈固定。集精杯安装在一端，上牢固定，用无菌葡萄糖液冲洗 2～3 次；从假阴道注水孔注入 40～42 ℃热水，至内胎外口呈三角形并略有隙缝。临用前涂润滑剂。

（2）输精器　兔专用输精枪；也可用 2～5 毫升注射器，针头接 15 厘米的人用导尿管。

（3）冲洗液　配制 6%的葡萄糖液，灭菌后用于冲洗用具、器皿。

（4）台兔　经过训练的公兔，可用一张兔皮裹在采精员手臂上，手握采精器便可采精。

（5）精液稀释液的配制　称取试剂，加蒸馏水，充分混匀，煮沸20分钟，降温至25～30℃；加入青霉素、链霉素各10万国际单位；需卵黄的稀释液，加入1～3毫升新鲜卵黄；混匀，封签备用。

常用的稀释液：7.6%的葡萄糖卵黄稀释液，11%蔗糖卵黄稀释液，柠檬酸钠卵黄稀释液，5%奶粉稀释液，葡萄糖、磷酸盐稀释液等。

2. 采精　常用假阴道采精法。左手抓住母兔的双耳及颈皮，右手握假阴道，用小指和无名指护住集精杯，伸入发情母兔腹下，至后躯外阴下，方向与公兔阴茎挺出的方向一致。公兔爬胯时，用假阴道迎接阴茎。公兔后躯蜷缩，发出“咕咕”的叫声，向一侧滑倒，表示射精完毕。竖起假阴道，取出集精瓶，塞上无菌胶塞。

3. 精液品质检查

（1）射精量　约为1毫升（0.4～1.5毫升）。

（2）颜色　乳白色或灰白色。浓浊不透明者，品质良好。带红色或黄色者均为不正常，应查明原因。

（3）pH6.8～7.5为正常　公兔患附睾炎或睾丸萎缩时精液呈碱性。

（4）精子活力　用直线前进的精子含量判断精子的活力。新鲜精液活力应达0.7（70%）以上，低温保存后精液应达0.5以上。

（5）精子密度　正常情况下，每毫升含精子0.7亿～2.0亿个。

4. 精液稀释　根据精液的活力和精子密度，决定稀释倍数。通常稀释3～5倍（稀释至有活力的精子密度为4 000万/毫升）。

稀释时做到“三等一缓”，即等温（35～37 ℃）、等渗（0.85%）、等值（pH 6.4～7.8），缓慢沿管壁注入稀释液，稍加摇晃即可。

取一滴稀释后的精液，镜检，活力无变化即可输精。

若原精液正常，稀释后活力大幅下降，则说明稀释不当，需找出原因。

5. 刺激排卵　獭兔是诱发排卵动物。人工授精时需对母兔进行刺激排卵才能成功。

（1）*生殖激素刺激排卵法*　发情母兔，肌内注射绒毛膜促性腺激素（HCG）50国际单位，或促黄体素（LH）50国际单位，注射后1～5小时输精。

未发情的母兔，先用孕马血清促性腺激素（PMS克）每天肌内注射60～80国际单位，连用2天，第3天观察母兔发情情况。

为免除烦琐的发情鉴定，提高工作效率，耳静脉注射5～10微克促排卵2号（LRH－A2）或3号（LRH－A3）（视母体体重确定剂量，用0.2毫升生理盐水溶解后静脉注射），马上输精，受胎率超过50%，在生产上具有应用价值。

（2）*试情公兔刺激排卵法*　利用体质健壮、性欲旺盛、经过结扎输精管的试情公兔进行交配刺激。这种方法无论是对发情母兔，还是未发情母兔，都有良好的效果，且简单易行，故又称为生物刺激法。特别是对未发情的母兔或发情不明显的母兔，可用试情公兔进行强迫交配刺激，交配后6小时内输精，受胎率很高。

6. 输精

（1）输精量　发情母兔应输精1～2次，每次0.5毫升，有效精子数达1 000万～3 000万个为宜。

（2）输精部位　獭兔是双子宫动物，阴道长8～10厘米，输精部位应在阴道深部近子宫颈口处为好。人工授精时，一般要求输精深度为6～8厘米。

（3）输精方法　输精器用6%的30℃葡萄糖液冲洗2～3次，吸取精液。助手保定母兔呈自然站立，一手伸入腹下，抬高臀部，冲洗外阴；操作者一手分开母兔阴唇，将输精管沿阴道背侧缓缓插入7～8厘米深时，来回抽动数次，再将精液注入，拔出输精管，轻轻拍击母兔臀部，防止精液倒流。无助手时，取坐姿，将母兔头向下夹在两腿间，掀开兔尾，进行输精。

三、妊娠诊断技术

在母兔配种后通过摸胎进行妊娠诊断，以便对兔群分类管理，对未孕母兔及时配种，减少空怀时间，提高繁殖率。

1. 时间　在母兔配种后8～12天通过摸胎检查，以便对兔群分类管理，对未孕母兔及时配种，减少空怀时间，提高繁殖率。

2. 摸胎方法　一般在饲喂前空腹进行。将母兔头部朝向操作者，前后反复抚摸其被毛，待其安静后，一手抓住两耳及颈部皮肤，一手掌心向上，拇指与其余四指分开呈“八”字形，伸到母兔后腹部两侧触摸。空怀的母兔腹部柔软；怀孕母兔可触摸到类似肉球样、可滑动、花生米至葡萄珠大小的胚泡。

3. 摸胎时应注意

（1）8～10天的胚泡，其大小和形状易与粪球相混淆，应仔细辨认　粪球表面硬而粗糙，无弹性，分散、面积较大，并与直肠相接，其大小、形状不随妊娠时间的变化而变化。而胚胎表面光滑，有弹性，有似摸着非摸着的感觉，多呈串状。

（2）摸胎要"温、稳、准、轻"　"温"即捉兔时动作要轻柔，不可强抓硬拽，强行捕捉；"稳"即稳定情绪，抚摸其被毛，使之安静，停止挣扎，然后再摸；"准"即动作要规范，手形和触摸的位置都要准确；"轻"即触摸时手法要轻，不可将胚泡硬捏，以防胚泡死亡或母兔流产。

（3）注意与子宫瘤和肾脏的区别　子宫瘤虽然也有弹性，但增长速度较慢，一般仅1个。当肿瘤有多个时，大小不一，与胚泡有明显的区别；体型较大而膘情较差时，肾脏周围的脂肪较少，肾脏下垂，容易与18～20天的胚胎相混淆。

四、繁殖方式

传统繁殖方式，仔兔40～45日龄断奶，母兔断奶后再配种，1年只能繁殖3～5胎。工厂化养兔生产中，适当采用频密繁殖，母兔产后1～2天内配种，仔兔25日龄左右断奶，母兔处于妊娠和泌乳的双重生理状态。在全空调兔舍，每年可繁殖8～10胎，每只母兔年提供断奶仔兔40～50只。

频密繁殖要注意：

①保证充足的营养供给，供给全价颗粒饲料和优质青绿

饲料。

②母兔定期称重，发现体重明显下降要停配。

③加强后备种兔的选育，要选用体质健壮的母兔。

④为减轻频密繁殖对母兔的伤害，可采用半频密繁殖，即母兔产后10～15天配种，仔兔30日龄左右断奶，每年也可繁殖8胎，且仔兔成活率高，生长发育好，可有效提高生产效率。

⑤25日龄断奶的仔兔，需用代乳料饲养，逐渐过渡到幼兔料。

第三节 獭兔的选种选配

一、獭兔的选种指标

（一）产皮性能的选种指标

1. 皮张面积 指颈部中央至尾根的直线长与腰部中间宽度的乘积。皮张面积关系到商品的利用价值。在品质相同的情况下，皮张面积越大，毛皮性能越好，利用价值越高。在獭兔皮的商业分级标准中，要求甲级皮的全皮面积在1 100厘米^{2}以上，乙级皮全皮面积在935厘米^{2}以上，丙级皮全皮面积须在770厘米^{2}以上。要达到甲级皮的规格，獭兔活重需达到2.75～3.0千克。

2. 皮张厚度 指皮板的厚度，用千分尺在肩、背、臀部随机测量15处厚度，以毫米为单位，精确到0.01毫米。一般要求皮板厚薄适中，质地坚韧，板面洁净。青年兔在适宜季节取皮，皮板一般较好；老龄兔的皮板则较粗糙且厚。

据测定，獭兔皮张厚度为1.72～2.08毫米，以臀部最厚，肩部最薄。

3. 被毛长度 指剪下毛纤维的单根自然长度，以厘米为单位，精确到0.01厘米。每个部位测量500根，分别计算戗毛和绒毛长度的平均值。被毛长度是评定獭兔毛皮质量的重要指标之一，一般要求被毛长度应符合品种特征。獭兔的被毛长度一般为1.77～2.11厘米。营养水平、取皮时间、性别、年龄等对被毛长度都有影响。

4. 被毛密度 指肩、背、臀各部位1厘米^{2}皮肤面积内的毛纤维根数，与毛皮的保暖性能有很大关系。被毛密度越大，毛皮品质越好。现场测定被毛密度时可采用估测方法，逆毛方向吹开毛被，形成旋涡中心，根据旋涡中心露出皮肤的面积来确定其密度。以不露皮肤或露皮面积不超过4毫米^{2}为极好，不超过8毫米^{2}为良好，不超过12毫米^{2}为合格。也可采用比重法在实验室进行测定。测定被毛密度，最好是在秋季换毛结束后（11～12月）进行。被毛密度的遗传力为0.41。被毛密度受遗传、营养、年龄、季节等因素的影响。不同的獭兔品种被毛密度不同，同一獭兔品种的不同个体被毛密度不同，同一个体不同的体表部位被毛密度也不同。普通獭兔的被毛密度为11 000～15 000根，优良獭兔为16 000根以上，母兔被毛密度略高于公兔。从不同的体表部位看，则以臀部被毛密度最大，背部次之，腹下和四肢内侧最小。营养条件越好，毛绒越丰厚，被毛密度最大。青壮年兔较老龄兔被毛密度大，冬季比夏季被毛密度大。

5. 被毛平整度 指全身的被毛长度是否一致。准确测定时可将体表分成几个部分（一般3～4个），每个部分采取500根毛样，分别计算戗毛突出于绒毛表面的长度，以评定不同部位被毛的平整度。生产中一般通过肉眼观察，看被毛是否有高低不平之处、是否有外露的戗毛等。

6. 被毛细度 指单根兔毛纤维的直径，以微米为单位，精确到0.1微米。测定方法：在体表的代表区域（一般为背中和体侧）取样，对毛样处理后用显微镜或显微投影仪进行测定，每个毛样测量100根，要测定2个毛样，计算其平均值。獭兔的被毛细度为16.0～18.0微米。

7. 粗毛率 指被毛纤维中粗毛量占总毛量的百分率。测定方法：在体表部位取一小撮毛样，在纤维测定板上分别计数细毛和粗毛的数量，然后计算粗毛占总毛数的百分率。计数的毛纤维总数不应低于500根。不同部位被毛纤维的粗毛率不同，腹部粗毛率最高，臀部最低，与被毛密度正好相反。

8. 被毛色泽 对被毛色泽进行选择时，主要从两方面考虑。一方面看被毛颜色是否符合品种色型，即毛色是否纯正；另一方面看被毛是否有光泽。对被毛色泽的基本要求是符合品种色型特征，纯正而富有光泽，无杂色、色斑、色块和色带等异色毛。从目前市场收购和鞣制加工情况看，白色兔皮为最好，经鞣制加工和用现代染色技术染色，可仿制各种高级兽皮，生产各种款式的国际流行时装、室内装饰品和动物玩具等。另外，白色獭兔遗传性稳定，不会出现杂色后裔，有利于提高商品质量。

9. 被毛弹性 是鉴定被毛丰厚程度的一项指标。现场鉴定时，用手逆毛方向由后向前抚摸，如果被毛立即恢复原状，说明被毛丰厚，密度较大，弹性强；如果被毛竖起，或倒向另一侧，说明绒毛不足，弹性差。

10. 被毛附着度 指被毛在皮板上的附着程度，是否容易掉毛。现场测定方法是“看、抖、抚、拔”。“看”指观察皮板上是否有半脱落的绒毛，半脱落的绒毛一般比其他被毛明显长一截；“抖”是用左手抓前部，右手抓后部并抖动，看是否有抖落的毛纤维；“抚”即用手由后向前抚摸毛被，观察是否有弹出脱落的毛纤维；“拔”是用右手拇指和食指轻轻在被毛上均匀取样拔毛，观察被毛脱落情况。

（二）产肉性能的选种指标

1. 生长速度 獭兔的生长速度可以用两种方法来表示。

（1）累积生长 通常用屠宰前的体重表示，一般肉用兔多采用这种方法。但因为不同的獭兔品种生长速度不同，达到屠宰体重所需的时间也不尽相同。因此，需注明屠宰日龄，以便于比较。

（2）平均日增重 通常用断奶到屠宰期间的平均日增重来表示。因为体型不同的兔屠宰时间不同，统计方法也有所不同。对大型品种兔来讲，生长速度是指6～13周龄的平均日增重；对中小型品种兔来讲，生长速度是指4～10周龄的平均日增重。就生长速度这一性状而言，不论采用哪种表示方法，其遗传力都很高，遗传力为0.4，个体选择的效果很好。

2. 饲料消耗比 指从断奶到屠宰前期间每增加1千克体重需要消耗的饲料量，具有饲养成本的含义。饲料消耗越少，经济效益越高。在我国饲料消耗比有多种不同的算法，有的按所饲喂的精料计算，有的因喂颗粒饲料而将精、粗料合并计算，也有的根据饲料中可消化能和可消化蛋白含量进行计算，因而标准各异，在作比较时须加以注意。据估计，饲料消耗比的遗传力为0.4，其与生长速度有较强的负相关，相关系数为0.5～0.6。

3. 胴体重 分为全净膛重和半净膛重两种形式。全净膛重是指獭兔屠宰后放血，除去头、皮、尾、前脚（腕关节以下）、后脚（跗关节以下）、内脏和腹脂后的胴体重量。半净膛重是在全净膛重的基础上保留心脏、肝脏、肾脏和腹脂的胴体重量。由于不同国家的习惯不同，胴体重的统计方法也有所不同。法国的胴体包括头、蹄，所以屠宰率较高；而美国的胴体不包括头、蹄、肝，仅留肾脏及其附近的脂肪，所以屠宰率较低；中国通常采用全净膛形式的胴体重，如以半净膛形式的胴体重计算，则必须注明。注意胴体的称重应在屠体尚未完全冷却之前进行。据估计，胴体重的遗传力高，在0.6以上，因而个体选择的效果很好。

4. 屠宰率 指胴体重占屠宰前活重的百分率。宰前活重是指宰前停食12小时以上的活重。屠宰率越高，经济效益越大。良好的肉用兔屠宰率在55%以上，胴体净肉率在82%以上，脂肪含量低于3%，后腿比例约占胴体的1/3。据估计，屠宰率和达到屠宰体重的年龄具有较高的遗传力，遗传力为0.6，因而个体选择效果很好。

5. 胴体品质 主要通过两个性状来反映。

（1）屠宰后24小时股二头肌的pH pH说明兔肉的酸化水平，pH越低，肉质越差，其遗传力为0.5，且与生长速度之间在遗传上呈负相关关系。

（2）胴体脂肪含量 胴体脂肪含量越高，兔肉品质越差。据估计，该性状遗传力在0.5以上，个体选择效果好。

（三）繁殖性能的选种指标

1. 受胎率 指母兔一个发情期中配种受胎的百分率，

即一个发情期配种受胎母兔数占参加配种母兔数的百分率。这一指标可反映兔群的繁殖能力，也可反映兔场的管理水平。一般来说，一个兔场母兔的受胎率应在75%以上。受胎率属低遗传力性状，遗传力为0.05～0.15，个体选择的效果不好，通常用该性状选择公兔；母兔则主要通过淘汰屡配不孕的个体来达到选择受胎率的目的，具体方法是将1—6月连续空怀2～3次或7—12月份连续空怀4～5次的母兔淘汰。或者将受胎率合并到“年成活断奶仔兔数”这一性状中进行选择，年成活断奶仔兔数包括受胎率、产仔数、泌乳力、成活率和耐频密繁殖性5个性状。

2. 产仔数　包括总产仔数和产活仔数，遗传力为0.05。总产仔数是指母兔的实际产仔数，包括死仔、畸形胎儿等，它在一定程度上体现了母兔产仔的潜在能力。产活仔数是指称量初生窝重时的活仔兔数。从生产的角度出发，产活仔数比较实际，因而常用来表示母兔的产仔能力。一般用第2胎和第3胎产活仔数的平均数来表示母兔产仔数。产仔数与母兔配种时体重之间的相关系数为0.31，这也是母兔适宜的初配年龄往往根据体重而定的原因。产仔数反映的是兔群的繁殖性能，一般来说，一个兔场母兔的产仔数应在7只以上。

3. 断奶仔兔数和仔兔成活率　断奶仔兔数指断奶时存活的仔兔数，包括替其他母兔代养的仔兔数，但不包括寄养的仔兔数。仔兔成活率是指断奶时仔兔数占开始喂乳时仔兔数的百分率。因为獭兔是多胎动物，所以其成活率既说明生活力，又说明繁殖力。在实践中，只有与断奶仔兔数一起评定才有意义，仔兔成活率遗传力为0.05～0.15，个体选择效果不好，一般不对之进行单独选择，而是综合到年成活断奶仔兔数性状之中进行选择。

4. 年断奶仔兔数 指一只母兔一年内断奶仔兔的总数。其数值既反映母兔的繁殖能力，又反映兔场的饲养管理水平。一般来说，一只母兔年均提供的断奶仔兔数应在30只以上。

5. 年产仔胎数 指一个兔群一年所繁殖的总胎数与参加配种母兔数之比。母兔年产仔胎数，与獭兔的品种有关，也与兔场的饲养管理水平有很大关系。一般来说，一个兔场年均产仔胎数应在4.5胎以上。

6. 窝重 包括初生窝重、21日龄窝重和断奶窝重。

（1）初生窝重 指整窝仔兔出生后在未吮乳之前的体重，用第2胎和第3胎初生窝重的平均数表示，表明仔兔在胚胎期的生长发育情况。母兔的筑巢能力（$h=0.24$）和交配时体重对仔兔的初生窝重有明显的影响。筑巢能力强的母兔，其仔兔初生窝重较大。据对新西兰白兔的测定，筑巢能力强的母兔，其仔兔初生窝重比筑巢能力差的母兔高398克。因此，母兔在妊娠后期的筑巢能力也是鉴定其繁殖性能的指标之一。此外，母兔在交配时的体重与仔兔初生窝重也有很大关系，据测定，两者之间的相关系数为0.87，体重大的母兔在妊娠期间其胚胎的生长发育状况也较好。这也说明了为什么母兔的适宜初配年龄要根据体重而定的原因。初生窝重的遗传力为0.043～0.37。

（2）21日龄窝重 指整窝仔兔在出生后21日龄时的窝重，又称泌乳力。用来表示母兔的泌乳性能，其遗传力为0.001～0.31。泌乳性能好的母兔，其仔兔21日龄的窝重也大。由于仔兔21日龄体重与断奶后的生长速度存在中等程度的相关，所以它不仅是衡量母兔哺育性能的指标，而且也是预测仔兔以后生长速度的指标。

（3）断奶窝重　指整窝仔兔在断奶时的体重，它既反映了断奶时仔兔的存活数，又反映了仔兔在吮乳期内的生长情况。因此，它是母兔哺育性能总的指标。通常用第 2 胎和第 3 胎断奶窝重的平均数来表示，其遗传力为 0.070～0.387。

上述选种指标一般作为母兔选种时的指标。对公兔进行选择时，主要根据精液的品质来评定其繁殖性能，包括精液量、精子密度、精子活力、pH、畸形率等项目，其中主要是精子密度和活力。

二、獭兔的选种

选种即选择优良种兔。种兔是有效保持和提高兔群质量的重要工具。因此，要求种兔身体发育良好，能把优良性能传递给下一代。为了从兔群中选出优秀个体作种兔，需要从体质、外貌、祖先、同胞以及后代等多方面进行综合鉴定。

1. 外形鉴定　外形是指獭兔的外部形态，每个品种都有其独有的特征。程序是：列出鉴定项目，设定分值（总分 100 分），将每项所得分数相加，得出外形评分。主要项目有：

（1）头颈部　头部的形状可以反映出獭兔的体质状况。头过大的獭兔往往偏于粗糙类型；头过小则偏于细致类型。理想的种兔，头部大小与体躯有协调的比例。

眼圆睁而明亮，无泪迹和眼屎。眼球的颜色符合品种特征。

耳大小和形状也随品种而异，除了个别品种的耳朵正常下垂外（如法国公羊兔），绝大多数品种都应两耳竖立。如有一耳或两耳下垂，则是遗传缺陷，或是不健康的象征。

皮用品种颈较长，头颈结合线明显。要求肌肉发达，肉髯大小适宜，如果颈脊薄或肉髯过度发达，则是发育不良和体质疏松的表现。

（2）体躯　胸宽而深，背腰宽广、平直。臀部丰满。鉴定时可用手触摸，如果脊椎骨如算盘珠状凸出，则表明膘情很差，体质较弱。

（3）四肢　四肢应强壮有力，肌肉发达。

（4）被毛　被毛色泽应符合品种要求。用手抓握獭兔的臀部被毛，感觉紧密厚实，说明密度大；手感空、松、稀、薄，说明密度小；用嘴逆毛向吹开被毛，看不到皮肤或暴露的皮肤面积很小，说明密度大；如果露出的皮肤面积较大（超过 12 毫米^2），则说明密度较差。

（5）体重　各种类型的商品兔都要求有较大的体重。

（6）其他　公兔要求睾丸匀称，弹性强；母兔要有 4 对乳头；经常咬人的公、母兔均不宜留种。

2. 个体鉴定　是根据个体生产性能进行选种的方法。实践中，獭兔重点鉴定皮毛质量，其他性能或性状作为参考。目前，常用指数选择法进行个体鉴定。

3. 系谱鉴定　系谱是祖先情况的记录。系谱鉴定就是根据祖先情况来选择种兔。鉴定时应把重点放在：

（1）系谱中优良祖先的个数　优良祖先个数越多，后代获得优良基因的机会也多。

（2）祖先中是否出现过遗传疾病或缺陷　如果有这一类的记录，后代一概不留作种用。

4. 同胞鉴定　是根据同胞的性能选择种兔的方法。某些性状，如屠宰率、胴体品质等，不能对种兔直接测定，只能通过对它同窝（同胞）的测定作间接了解。对种公兔不可能测得产仔数、泌乳性能等性状，只能通过同窝姊妹的测定结果判断该公兔这些性状上的遗传潜能。

5. 后裔鉴定 是根据子代的品质来鉴定亲代遗传性能的方法。子代的性状表现是亲代的遗传物质和后代的环境条件共同作用的结果。所以在一定的环境条件下，子代的表现即可反映出亲代的遗传基础。后裔鉴定是鉴定种兔品质最为有效的方法，但比个体鉴定、系谱鉴定和同胞鉴定都复杂得多。由于种公兔的后代多，在育种上的影响也大于母兔，所以，一般情况下只对种公兔进行后裔鉴定。种兔后裔鉴定时，可按以下具体要求进行。

（1）选择与配母兔 选择在相同的饲养管理条件下，在体型、生产性能、繁殖性能及系谱鉴定等方面都良好的母兔。另外，母兔应处为3～5胎。1只受测公兔，选择6只与配母兔，保证有20只以上可供测定的后裔即可。

（2）控制环境条件 要求做到在2～3天内集中对与配母兔配种。将母兔饲养在相同的饲养管理条件下。统一断乳日期，断乳后母仔分开饲养。仔兔在相同条件进行饲养。详细记载与配母兔及后代所有个体的性能，进行全面鉴定。

（3）种公兔的评价 比较种公兔后裔和同龄后裔品质的平均值，如果种公兔后裔的平均值高于兔群同龄后裔的平均值，则说明该种公兔具有较高的种用价值，其差值越大，表明种公兔的种用价值越大。当然，也不能否认种公兔的特殊价值，在必要时应进行单项鉴定，对配套的选育有重要意义。

不具备条件的兔场，也可通过观察某公兔的后代大多数品质优良且未出现缺陷，即可以认为其具有良好的遗传品质，适宜留作种用。

6. 综合鉴定 把种兔的个体鉴定、系谱鉴定、同胞鉴定和后裔鉴定融为一体，对种兔作出最可靠的评价，称为综合鉴定。种兔的某些性能只在特定的时期内表现出来，因此鉴定和选择需分阶段进行。选种程序如下：

（1）*断乳阶段的选择* 刚断乳的幼兔，外形还没有固定，断乳体重对以后的生长速度有较大影响，应选择断乳体重大的幼兔；结合系谱鉴定及同窝同胞在生长发育上的均匀性进行选择。

（2）*3月龄时的选择* 着重测定个体重、断奶至3月龄时的平均日增重和被毛品质，采用指数选择法进行选择。选留生长发育快、被毛品质好、抗病能力强、生殖系统无异常的个体留作种用。

（3）*4月龄时的选择* 对个体重和被毛品质进行复选，并进行体尺测定。

（4）*初配时的选择* 鉴定的重点是生产性能和外形。根据体重、被毛品质、体尺以及生殖器官发育的情况选留，淘汰发育不良个体。对种公兔进行性欲和精液品质检查，严格淘汰繁殖性能差的公兔。

（5）*1岁左右的选择* 淘汰多次配种不孕的母兔；第三胎仔兔断乳后，由产活仔数、断乳活仔数和断乳窝重计算选择指数，参考第一、二胎受胎的交配次数，综合评定其繁殖性能。

（6）*根据后代品质的选择* 当种兔的后代已有生产记录时，根据它们后代的品质对种兔进行遗传性能的鉴定。

三、獭兔的选配

优良后代的产生取决于父、母双方的遗传性。在养兔生产实践中，要注重选种，也要注重选配。

（一）獭兔选配方法

1. 同型选配 选择性能一致、性状相同的公、母兔进行交配，增加遗传的同质性，使优良性状在后代中得到固定，迅速扩繁。同型选配能巩固优良性状，也能固定不良缺陷，因此，公、母兔不能有相同的缺点。

2. 异型选配 选择性状上不相似的公、母兔进行交配，把公、母兔各自的优良品质在后代中汇集起来。如配套系之间的杂交繁育。

3. 亲缘选配 有亲缘关系的种兔之间进行交配，称亲缘选配，简称近交。双方到共同祖先的世代数在6代以内，都属近交。近交的遗传效应是优良性状在基因型纯合过程中得以固定，也容易使一些隐性有害基因纯合而暴露出来。所以，养兔生产中应严格进行系谱记载，慎用近交。

4. 年龄选配 根据獭兔交配双方年龄进行的选配称为年龄选配。随着年龄的增长，种兔的生活力和生产性能也有所变化，壮年时的生活力最强，生产性能最高。实践证明，壮年公、母兔交配所生后代的生活力和生产性能表现最好。应尽量避免老年兔配老年兔、青年兔配青年兔，以及老年兔与青年兔的相互交配。应该壮年兔间相互交配，或用壮年公兔配老年母兔和青年母兔，青、老年公兔与壮年母兔相配。年龄过大的兔或未到初配年龄的兔应严禁配种繁殖。

（二）选配的实施原则

1. 有明确的选配目的 选配是为育种和生产服务的，育种和生产的目标必须明确，一切选种选配工作都必须围绕它来进行。

2. 避免近交 种兔生产和商品兔生产应避免近交，一般要掌握5～7代无亲缘关系，尤其是父女、母子、兄妹之间不可交配。

3. 忌早配 年龄和体重没达到标准的不参加配种。

4. 优配优 优秀母兔必须用优秀公兔交配，公兔的品质等级要高于母兔。

5. 有遗传缺陷不配 有遗传缺陷的种兔（如牛眼、八字腿、畸形齿、单睾等）不能参加配种。

6. 年龄悬殊不配 青年兔和老龄兔之间不宜配种。群体中应以壮年公兔为核心。

7. 注意公、母兔间的亲和力 选择那些亲和力好、所产后代优良的公、母兔交配。种兔配种所产后代不良，或产仔少、生活力弱、抗病力差等，不应再使之结合，下次配种应重新选配。

8. 有相同缺点或相反缺点的不配 有相同缺点或相反缺点的不配，否则将使缺点变得顽固，如毛稀应用毛密兔改良。性状有优有劣的公、母兔交配，可以达到获得兼有双亲不同优点的后代和以优改劣的目的。

四、种兔编号、打耳号（耳标）

（一）种兔编号、建立档案

编号是獭兔育种的基础性工作。号码应包含品种、性别、出生时间、个体编号等。耳号钳打号一般编6位、8位；使用耳标可达12位；二维耳标无限制。

代表品种的号码，一般放在第一位，通常以该品种英文或汉语拼音的第一个字母表示。如新西兰兔，用 N 或 X 表示。一个兔场使用的代码应固定不变。

一般用 1 代表雄性，2 代表雌性；也常用左耳代表雄性，右耳代表雌性。

出生年用 2 个末位阿拉伯数字表示，如 2000 年用“00”表示；出生月用 2 位数字表示。

个体号按出生顺序编排，如果在一个月内，一幢兔舍出生的仔兔数在 2 000 只以内，则个体号用 3 位即可。

进行杂交育种的兔场，耳号应标明世代数。饲养配套系的兔场，应将代（系）编入耳号。如果信息较多，单耳不能全部表示出来，可用左右耳双号法。

（二）打耳号、耳标

1. 打耳号 将兔保定，防止挣扎。将号码针按顺序固定在耳号钳内（图 6－1）。在耳壳内侧上 1/3～1/2 处，避开大血管，用酒精棉球消毒；将钳上号码对准术部，按压手柄，使号码针尖刺透表皮，但不刺穿耳壳。然后在刺号部位涂上醋墨。

如没有耳号钳，也可用刺针蘸上醋墨手工打耳号。

a

b

图 6－1 耳号钳及配件

a. 号码托 b. 耳号钳

2. 带耳标

（1）耳标的结构　耳标由主标和辅标两部分组成。主标由耳标面、耳标颈、耳标头组成。辅标由辅标面和锁扣组成。辅标锁扣与耳标头相扣，起固定耳标的作用。

（2）佩戴耳标

操作地点：个别兔在穿耳时会发出尖叫而惊群，最好在舍外操作。

保定：由助手实施，一手把握两后肢，并托起兔子；另一只手大把抓紧颈背部皮毛，保持戴耳标的耳朵朝向术者。最好将兔仰卧在保定槽内。

佩戴部位：在耳郭的下 1/3 分界线上方，该部位耳背厚薄适中，耳标带好后，面向前方直立，便于观察。建议公兔戴在左耳，母兔戴在右耳；公兔选用单号，母兔选用双号，利于观察和判断。

消毒：佩戴部位两面剪毛后用碘酒消毒；耳标各部件均用碘酒消毒。

佩戴方法：

①耳标钳佩戴法：将主耳标和辅耳标分别卡在耳标钳上，耳标钳弹簧片弹起，使耳标头与辅标耳面的锁相对应。耳标钳卡在耳郭上，耳标头对准兔耳上的打孔部位，猛然用力握钳柄，迅速放松，随即后退，耳标自然脱离耳标钳。将主标和辅标之间的距离拉到最大，并调正主标面上的号码。

②徒手佩戴法：消毒后，耳标头对准打孔部位，双手拇指压住耳标面，双手食指和中指的指甲固定在耳郭背面（四指中间的空隙正好是耳标头穿出的部位）；猛然使劲按压耳标面，耳标头即穿出耳背面；整理创口，确保创口以最小面积包围耳标颈，兔毛不留在创口内；扣上辅标，将主标和辅

标之间的距离拉到最大，并调正主标面上的号码。此方法兔痛苦大，所以最好不用。

佩戴注意事项：

①耳辅标锁扣不能戴反：辅标锁扣周围有突起圆形环，用于隐藏耳标头。一旦戴反，主标板和辅标圆形环之间的距离小于耳郭厚度，圆形环将嵌入皮肤，形成闭锁区，阻断局部血液循环，产生疼痛。戴上后，耳朵长时间不能直立；加上戴耳标时可能形成创口感染，局部必然发生坏死、化脓；几周后，轻者结痂，重者形成穿孔，耳标脱落。化脓感染的过程中，脓汁聚在隐槽内，逐渐形成厌氧区域，可能发生破伤风。

②耳标最好是订购，保证按照自己的编号体系用激光雕刻号码。当然，也可用记号笔在耳标面上直接书写号码。

第七章 兔病的防治关键技术

兔病是影响养兔生产的主要因素之一。兔病的种类很多，包括传染病、寄生虫病、内科病、外科病及产科病等。其中，危害最严重的是传染病和寄生虫病，这些疾病可以在较短的时间内导致兔的大批死亡，造成严重的经济损失。为了更有效地预防、控制和消灭兔病，保障养兔业的发展，提高养兔的经济效益，保障人民的健康，生产中一定要坚持预防为主的方针，坚决贯彻第八届全国人大常委会第二十六次会议通过的《动物防疫法》，使饲养管理工作与防疫工作规范化、科学化、制度化。

第一节 兔病综合预防措施

一、兔场卫生与消毒

积极做好兔场的环境卫生与消毒工作，能有效控制和预防獭兔疾病的发生，提高养兔的质量，产生更大的经济效益。

1. 兔场卫生 主要包括舍内空气卫生（空气新鲜，有害气体浓度低）、笼具卫生（特别是笼底板卫生）、兔体卫生（特别是乳房卫生和外阴卫生）、饲料卫生、饮水卫生、用具卫生（食槽、饮水器、产箱等）及饲养人员的自身卫生等。舍内空气卫生要求粪便及时清理，保持通风干燥，人进入后没有刺鼻、刺眼和不舒服的感觉。笼具卫生要求对被污染或感染的笼具及时清理和消毒。环境污浊很容易使种兔患外阴炎或乳房炎，每只种兔配种前都应认真检查、清洗和消毒。把好入口关主要是保证饲料和饮水的卫生，同时注意用具的定期消毒和清洗。对饲养人员要严格要求自身消毒管理，以免饲养员成为病原的携带者和传播者。

2. 兔场消毒

（1）*消毒方法*　兔场常用的消毒方法包括物理消毒、化学消毒和生物热消毒三大类。

①物理消毒：兔场常用的物理消毒方法包括机械性消毒，火焰消毒，煮沸消毒，阳光、紫外线、干燥消毒等。机械消毒指经常清扫粪便、污物，洗刷兔笼、底板和用具等来清除病原体。火焰消毒指用火焰喷灯喷出的火焰来消毒兔笼、笼底板、产仔箱等笼具，温度可达到400～800℃，消毒效果好，但要注意防火安全。没有喷灯时，也可点火把，将火焰引至所需消毒处，但注意不要点燃易燃物品。煮沸消毒适用于医疗器械及工作服等的消毒，煮沸半小时一般微生物可被杀死。若在水中加入少量碱，如1%～2%的小苏打、0.5%的肥皂或氢氧化钠等，可使蛋白、脂肪溶解，防止金属生锈，提高沸点，增强杀菌作用。阳光、紫外线具有良好的杀菌能力，阳光的灼热及蒸发水分引起的干燥也有杀菌作用。将兔的产箱、垫草、饲草等放在直射阳光下照射2～3小时，可杀死大多数病原微生物。开启紫外灯可以对近距离

的各种物品进行表面消毒。加速干燥、保持干燥，均有助于减少病原微生物污染。

②化学消毒：兔场常用的化学消毒方法包括熏蒸消毒、浸泡消毒、饮水消毒和喷雾消毒等。熏蒸消毒多用于全兔舍的整体消毒。按每立方米空间 12 毫升福尔马林、6 克高锰酸钾的比例配齐。将福尔马林放入金属容器中，面积较大时，分放多点，密闭所有门窗，由里向外逐个加入高锰酸钾，迅速离开，关闭门窗，密闭 24 小时后通风换气，至无福尔马林气味后方可进兔。浸泡消毒常用来消毒笼底板、饲槽等，浸泡一定时间后取出，用清水洗净后晒干即可。

喷雾消毒是用喷雾器对空间、兔笼、墙壁等进行喷雾消毒，要使消毒对象均匀地喷上消毒药水。有时可带兔消毒。饮水消毒是将消毒药物按规定比例加入水中，消毒一定时间后使用，如在兔饮用水中加入漂白粉。

③生物热消毒：主要用于污染物及粪便的无害化处理。从兔场清理的粪便和污物可集中堆放在远离兔舍较偏僻处，压实，或在上加盖塑料薄膜，利用粪中的微生物发酵产热，可使粪堆的温度达 70 ℃以上。经过一段时间，可以杀死其中的病毒、细菌、寄生虫卵等而达到消毒目的，同时又可保持粪便的肥效，减少对环境的污染。

(2) 消毒间隔时间　可根据兔场具体情况而定。一般来说，每年春秋季节分别进行一次大消毒，最好是用火焰消毒，将脱落的毛纤维、黏附的微生物一扫而光。每月消毒一次，以不同的消毒液交替使用，可带兔消毒。每周一次器具消毒，包括饲具、饮具、产箱等。发现个别患兔局部消毒，如肠炎、疥癣等。特殊时期，如发生急性传染病时（如兔瘟、真菌孢子病等），应每天消毒，连续 7 天。新建兔舍和兔舍清空时要密封熏蒸消毒。消毒的关键是抓好时机，掌握方法，注意关键部位消毒，注重实效。消毒应灵活掌握。如室内养兔，光照不足，舍内湿度大，病原微生物含量高，可适当勤消毒；室外养兔，阳光充足，通风干燥，自然的净化作用强，不必消毒过勤。春秋季节，传染性疾病多发，可进行预防性消毒；发生传染性疾病之后，尽管已经扑灭，也应坚持消毒，以彻底杀灭残存在兔场内的病原微生物。

（3）消毒药物选择　在选用消毒剂时，要考虑有效性、安全性及经济性等特点。有效性指所选用的消毒剂能控制危害獭兔的所有病原微生物（病毒、细菌和真菌）。安全性指所选用的药品对操作人员要有安全性，同时不会危害獭兔和其他动物，在兔产品中无残留，也不会污染环境，对各种设备没有腐蚀性。经济性指所选用的消毒剂成本低廉，可减少兔场消费。

（4）兔场常规消毒程序（供参考）　兔场要建立严格的消毒制度。兔舍、兔笼及用具每季度进行一次大清扫、大消毒或在一批兔全部出场后进行。每次进行消毒时，先要彻底清扫污物，用清水冲洗干净，待干燥后进行消毒。在进行消毒时，要根据病原体的特性、被消毒物体的性能与经济价值等因素，合理选择消毒剂和消毒方法。平常每 7～10 天带兔喷雾消毒一次。全面消毒时，兔舍、兔笼清扫后，将粪便堆积发酵。地面用水冲洗干净，待干后用 3%来苏儿、10%石灰乳或 30%草木灰水洒在地面上。兔笼底板可浸泡在 5%来苏儿溶液中消毒。兔笼可用喷雾消毒，要选用不同的消毒药物、用不同雾粒大小的喷雾器进行消毒。对环境、笼舍等喷雾消毒时，可选用 0.05%百毒杀、1%～1.3%农福、0.3%～0.5%过氧乙酸等药物。兔的食盆等用具可放在消毒池内用一定浓度的消毒药物（如5%来苏儿、1∶200杀特灵等）浸泡2小时左右，然后用清水刷洗干净，待用。木制或竹制兔笼及用具，可用热碱水洗刷，其浓度为2%～5%。顶棚或墙壁可用10%～20%的石灰乳刷白。金属物品最好用火焰喷灯消毒，为防止腐蚀，不得使用酸性或碱性消毒剂。兔场外周地面消毒，可用10%～20%的石灰乳喷洒。兔场入口用1%～3%火碱溶液，10%～20%新鲜石灰乳或5%来苏儿消毒。更衣室用紫外线灯消毒，消毒时间在30分钟以上，按每平方米1瓦计算。

（5）兔场常用消毒药物

①酒精：有效浓度是75%。它能杀死一般繁殖型的细菌和部分病毒，但对芽孢无效。主要用于动物体表皮肤、体温计、注射针头等的消毒。

②碘酒：常用碘酒含碘量为2%和5%，对多种细菌、病毒、真菌、原虫等有较好杀灭作用，可用于皮肤创伤、疖肿等外伤处理。但对眼、鼻及口腔等黏膜娇嫩的部位不要直接涂擦。患有化脓性皮肤病时，也不宜涂擦碘酒，因伤口处脓性分泌物及腐败的脂肪可与碘发生反应而失去杀菌作用。

③含氯消毒剂：包括漂白粉、二氯异氰尿酸钠及三氯异氰尿酸钠等，能够杀灭细菌、芽孢、病毒及真菌，杀菌作用强。主要用于兔舍、笼具及车辆等的消毒。另外，还可用于饮水的消毒。后两者在近中性水中持续有效时间可达7天。注意，氯制剂对金属有腐蚀性。

④碱类消毒药：包括氢氧化钠（烧碱）、碳酸钠（食用碱）、生石灰及草木灰等，它们都是直接或间接以碱性物质对病原微生物进行杀灭作用。可水解病原菌的蛋白质和核酸，破坏细菌的正常代谢，最终达到杀灭细菌的效果。氢氧

化钠对纺织品及金属制品有腐蚀性，故不宜对以上物品进行消毒，而且对于其他设备、用具在用氢氧化钠消毒后，要用清水进行清洗。碳酸钠用热水配成4%的溶液洗刷或浸泡饲槽和饮水用具，也可消毒兔舍。草木灰通常能在雨水淋湿之后渗透到地面，常用于对兔场地面的消毒，特别是对野外放养场地的消毒，这种方法既可以做到清洁场地，又能有效地杀灭病原菌。生石灰在溶于水后变成氢氧化钙，同时又产生热量，通常配成10%～20%的水溶液对兔场的地板或墙壁进行消毒。另外，生石灰也用于病死兔的无害化处理，其方法是在掩埋病死兔时先撒上生石灰粉，再盖上泥土，能够有效地杀死病原微生物。

⑤氧化剂类：常用的有过氧乙酸及高锰酸钾，它们对细菌、病毒、芽孢和真菌有强烈的杀灭作用。过氧乙酸消毒时可配成0.1%浓度，对兔舍、饲料槽、用具、车辆、食品车间地面及墙壁进行喷雾消毒，也可以带兔消毒。高锰酸钾是一种强氧化剂，遇到有机物即起氧化作用，因此，它既可以消毒又可以除臭，低浓度时还有收敛作用，畜禽饮用常配成0.01%水溶液，治疗胃肠道疾病。0.05%溶液可以消毒皮肤、黏膜和创伤，也用于洗胃，使毒物氧化而分解。高浓度时对组织有刺激性和腐蚀性。0.4%溶液通常用来消毒料槽及用具，效果显著。

⑥表面活性剂类：包括新洁尔灭和百毒杀。新洁尔灭是一种阳离子表面活性剂，既有清洁作用，又有抗菌消毒效果，它的特点是对畜禽组织无刺激性，作用快、毒性小，对金属及橡胶均无腐蚀性。0.1%溶液用于器械用具的消毒，0.05%～0.1%溶液用于手术的局部消毒。但要避免与阴离子活性剂如肥皂等共用，否则会降低消毒的效果。百毒杀是

一种双链季铵盐，具有性质比较稳定、安全性好、无刺激性和腐蚀性等特点，能够迅速杀灭病毒、细菌、霉菌、真菌及藻类致病微生物，药效持续时间约 10 天，适合于饲养场地、笼舍、用具、饮水器、车辆的消毒；另外，也可用于存有活兔场地的消毒。

⑦酚类：包括来苏儿和复合酚。来苏儿为 50％的甲酚皂溶液，常用于手、皮肤、器械、排泄物等的消毒，但不适用于对芽孢和病毒的消毒。复合酚又名消毒灵、农乐等，可以杀灭细菌、病毒和霉菌，对多种寄生虫卵也有杀灭效果。主要用于兔笼舍、设备器械、场地的消毒。杀菌作用强，通常施药一次后，药效可维持 5～7 天。但注意不能与碱性药物或其他消毒药混合使用。

二、兔场环境控制

环境对獭兔生产有着很大的影响。在獭兔生产中，温度、湿度、噪声、草料、饮水、有害气体、病原微生物等环境因素，对獭兔生产均具有一定影响。因此，控制好环境因素可提高养兔质量和生产效益。

1. 温度控制

（1）獭兔的体温调节　獭兔是一种恒温哺乳动物，其正常体温一般保持在 38.5～39.5 ℃。獭兔全身被毛，汗腺不发达，对热的调节没有其他家畜那样完善，獭兔体热的调节决定于临界温度。獭兔的临界温度为 5～30 ℃。在临界温度时，獭兔的代谢率最低，热能的消耗最少，高于或低于临界温度都会增加獭兔的热能损耗。当外界气温降低时，獭兔靠增加采食量，提高体内的产热量来达到平衡体温的目的。因此，冬季室外饲养的獭兔饲料消耗会大大增加，繁殖力也会下降。当外界气温升高时，獭兔仅通过血管扩张，增加血液流量，增加呼吸次数，以增加呼出气体和水分蒸发来增加体内热量散失而达到维持体温恒定的目的。不发达的汗腺和厚厚的皮毛使呼吸散热成为獭兔散热的主要途径。当外界温度由 20 ℃上升到 35 ℃时，呼吸次数由每分钟 42 次增加到 282 次。实践证明，环境温度 32 ℃以上，对獭兔非常不利，兔的生长发育和繁殖效果均显著下降。在高温季节容易失去繁殖能力，即所谓“高温不孕”现象。长期处于 35 ℃以上条件下，獭兔常常会发生中暑而死亡。

初生仔兔全身无毛，体温调节机能不够完善，其体温随着环境温度的变化而变化，很不稳定。随着仔兔日龄的增加，其体温由不恒定到逐渐恒定。如将初生仔兔从巢中取出，置于低温下，半小时内仔兔体温会下降至 20 ℃左右甚至更低，所以，在寒冷的冬季，常常会因此造成仔兔的死亡。同样，炎热的气候对初生仔兔影响也很大，仔兔窝内温度过高，容易导致仔兔出汗，使窝内变得很潮湿，俗称“蒸窝”，这样的仔兔也很难成活。经测定，初生 10 天内仔兔的体温取决于环境温度，10 天以后才能达到恒定温度。仔兔 30 日龄时，毛被基本形成，对环境温度才有一定的适应能力。初生仔兔窝内最适宜温度为 30～32 ℃，而环境温度须在 25 ℃以上才能达到。因此，生产上为提高仔兔的成活率，应根据仔兔体温调节特点，为仔兔提供较高的环境温度，从而保证仔兔的正常生长发育和成活率。

成年兔最适宜的环境温度为 15～20 ℃，而断奶前后的幼兔为 20～25 ℃。

（2）温度的控制　目的是为獭兔提供适宜的生活温度。

在高温和寒冷季节时，可采取相应的措施，做好防暑降温和防寒保暖工作。

①建保温隔热兔舍：在建兔舍时，先选好材料，确定屋顶和墙体适宜的厚度、门窗的设置及兔舍地面的设置，使兔舍具有良好的保温隔热性能。

兔舍内的热主要是经屋顶、顶棚、通风换气、墙壁、地面、门窗而散失。其中，尤以屋顶失热较多。因此建造屋顶时，要选好材料，确定适宜厚度，铺设保温层，保温层的材料可选用加气混凝土板、玻璃棉、泡沫塑料板等。在兔舍内吊天花板，使其与屋顶之间形成一个稳定的空气缓冲层，以降低高温季节外界的热量进入舍内和寒冷季节舍内的热量散失到外界。为了节省开支，还可采用草屋顶、芦苇顶或秸秆加抹草泥屋顶。

在建墙体时，也要选用导热性小的建筑材料，以提高其保温性能，同时要使墙体不透空气和水汽。目前我国多用砖砌墙建造兔舍，砖的来源广，保温性较好，还可防兽害，较为理想。在我国北方寒冷地区为了保温，南方炎热地区为了隔热，均可适当加厚墙体。发达国家采用新型保温材料和新工艺制墙，如将波形铝板-防水板-聚乙烯膜组合建墙，或在铝板间填充玻璃纤维保温层，其保温隔热效果均十分理想，但造价较高。

在建造兔舍时，要注意门窗的设置。在寒冷地区，兔舍北侧、西侧应少设门窗，并选保温的轻质门窗，最好安装双层窗，门窗要密闭，以防漏风；最好不要用钢窗，因为钢窗传热快，而且不耐腐蚀。在炎热地区，应南北设窗，并加大面积，便于通风和采光。

在建造兔舍时，同时要建好地面，不仅要注意选材、设计，还要注意施工，使之密闭，而且要注意地面的隔热、保温及耐冲刷、防潮、易干燥、易消毒等。目前，兔舍地面多采用水泥地面。国外也有用复合结构的保温地面，或用陶土混凝土地面，效果较好，但造价较高。在地势较高、地下水位低的地区，可建地下兔舍。这是利用地下温度较恒定的特点，将兔舍建成半地下式，这样既保暖又隔热，冬暖夏凉。

②做好保温防寒工作：在冬季寒冷时，除了在建筑兔舍上进行保温隔热设计和加强防寒管理之外，还须附加一定供暖设施。比如可采用锅炉、热风炉等集中供暖，通过管道将热水、蒸汽或预热后的空气送到舍内或舍内的散热器。局部供热可采用电热器、保温伞、红外线灯、火炉、火墙等产热，供个别兔舍（如产仔间）取暖。我国中小型兔场的兔舍多采用火炉、火墙或地龙等供暖。这种方式简便易行，但热能的利用率不高。较大型兔场也有的采用水暖和气暖。兔舍供暖受到能源和费用的制约。开辟新的能源，如利用太阳能、天然温泉或利用兔粪尿生产沼气，为兔舍提供便宜的能源，对于能源严重匮乏的人口大国具有十分重要的意义。

③做好防暑降温工作：在炎热的夏季，除了在建筑兔舍时选择好的建筑材料和隔热设计之外，还可采取一些防暑降温措施来降低舍内温度。比如可在兔舍四周栽种高大的阔叶树木。大树下的兔舍内凉爽舒适，而无树遮阴的兔舍却燥热不堪。也可在兔舍上边搭凉棚，四周种植瓜、豆、葡萄等遮阳，以防阳光直射。此外，敞开门窗可增加通风面积，气温高时，可在屋顶和地面上洒些凉水，通过水的蒸发吸热降温。也可在兔笼内放些用凉水浸泡的砖头、石板等，起降温作用。有条件的可安装电风扇、空调等降温设施，驱散室内热气，降低温度。如果是密闭式兔舍，在兔舍的内送风口，

用高压喷嘴将低温的水呈雾状喷出，当空气与雾滴接触时，由于热交换，水滴吸收空气中的热量而蒸发，从而降低兔舍内的温度。这种方法比较经济，喷出的水温越低，空气越干燥，冷却效果越理想，因此，这种方法最适合干热地区，在湿热条件下不宜采用。

2. 湿度控制

（1）湿度对獭兔的影响　在獭兔生产中，不管在什么季节，兔舍内的湿度过大对獭兔的生产都极为不利。在高温季节，舍内的湿度过大会降低兔体蒸发散热的功能，从而影响到獭兔的采食和健康，这对獭兔的生长发育、繁殖等生产性能的发挥极为不利。此外，在高温高湿条件下，由于獭兔皮肤的水分难以蒸发而变得湿润、肿胀，皮孔、毛孔变窄而被阻塞，导致皮肤抵抗力降低。同时，高温高湿的环境非常有利于真菌、细菌和寄生虫的大量繁殖。因此，獭兔容易患疥癣、脱毛癣、湿疹等皮肤病。在低温高湿的环境中，空气的导热性大大加强，这就加速了兔体的散热，即越湿越冷，特别是仔兔和幼兔更难以忍受。同时，在低温高湿的环境中，獭兔容易患感冒、咳嗽、气管炎及风湿病等。在气温适宜时，兔舍内湿度过大，有利于真菌、细菌和寄生虫繁殖，从而导致獭兔发生疾病。此外，湿度过高，会使舍内有害气体大量积存，对獭兔的危害很大。因此，高湿时，要采取一些措施来降低兔舍内的湿度，为獭兔的生长发育和生产性能的发挥提供适宜的生活环境。獭兔适宜的相对湿度为60%～70%。兔舍内相对湿度低于55%，会引起獭兔呼吸道黏膜干裂、细菌病毒感染等。

（2）湿度的控制　面对湿度过大的环境，可以采取以下措施：①严格控制用水。尽量不要用水冲洗兔舍内的地面和兔笼。地面最好用水泥制成，并且在水泥层的下面再铺一层防水材料，如塑料薄膜等，这样可以有效地防止地下的水汽蒸发到兔舍内。兔子的水盆或自动饮水器要固定好，防止兔子拱翻水盆或损坏自动饮水器。②勤打扫。每天要及时将兔粪尿清除出兔舍，最好每天打扫2次。笼下的承粪板和舍内的排粪沟，要有一定的坡度，便于粪尿流下，尽量不让粪、尿积存在兔舍内。③保持良好的通风。獭兔每小时所需的空气量，按其体重计算，每千克活重为2～8米^3；根据不同的天气和季节情况，空气的流速要求0.15～0.5米/秒。兔舍的通风要根据舍内的空气新鲜程度灵活掌握。如果兔舍内湿度大、氨气浓时，要加快空气流通，以保持兔舍内空气新鲜。④根据天气情况开关门窗。当舍内温度高、湿度大、闷气时，要多开门窗通风；天气冷、下大雨、刮大风时，要关好门窗，防止凉风、雨水侵入舍内。此外，冬季通风时，要注意舍内的温度，最好在外界气温较高时通风。⑤撒吸湿性物质。在梅雨季节或连日下雨时，空气的湿度很大，采用以上措施除湿效果不明显时，可在兔舍内地面上撒干草木灰或生石灰等吸湿。在撒之前，事先要把门窗关好，防止室外的湿气进入舍内。

3. 有害气体控制

（1）*有害气体的危害*　兔舍内的有害气体主要有氨气、硫化氢。獭兔对氨气特别敏感，在潮湿温暖的环境中，没有及时清除的兔粪尿，细菌会使之分解产生大量的氨气等有害气体。兔舍内温度越高，饲养密度越大，有害气体浓度越大。獭兔对空气成分比对湿度更为敏感，空气中的氨气被兔子吸入后，刺激鼻、喉和支气管黏膜，引起一系列防御呼吸反射，并分泌大量的浆液和黏液，使黏膜面保持湿润，由于黏膜面湿润，氨气又正好溶解于其中，变成强碱性的氢氧化氨而刺激黏膜，从而造成局部炎症。当兔舍内氨气浓度超过30 厘米^3/米^3 时，常常会诱发各种呼吸道疾病、眼病，生长缓慢，尤其可引起巴氏杆菌病蔓延；当舍内氨气浓度达到50 厘米^3/米^3 时，獭兔呼吸频率减慢，流泪和鼻塞；达到100 厘米^3/米^3 时，獭兔眼泪、鼻涕和口涎显著增多。獭兔对二氧化碳的耐受力比其他家畜低得多。因此，控制兔舍内有害气体的含量，对獭兔的健康生长十分重要。

（2）*控制有害气体的措施*　通风是控制兔舍内有害气体的关键措施。在夏季可打开门窗自然通风，或在兔舍内安装吊扇进行通风，同时还可以降低兔舍内的温度。在冬季兔舍要靠通风装置加强换气，天气晴朗、室外温度较高时，也可打开门窗进行通风，密闭式兔舍完全靠通风装置换气，但应根据兔场所在地区的气候、季节、饲养密度等严格控制通风量和风速。如有条件，也可使用控氨仪来控制通风装置进行通风换气。这种控氨仪，有一个对氨气浓度变化特别敏感的探头，当氨气浓度超过一定浓度时，通风装置即自行开动。有的控氨仪与控温仪连接，使舍内氨气的浓度在不超过允许水平时，保持较适宜的温度范围。另外，在通风的同时还要及时清除兔舍内的粪尿，防止兔舍内水管、饮水器漏水或兔子将水盆打翻，保持兔舍、兔笼板、承粪板和地面的清洁干燥。

4. 光照控制

（1）*光照对獭兔的影响*　光照是自然生态中最稳定的因素。但獭兔对光照的反应远没有对温度及有害气体敏感。实践表明，光照对生长兔的日增重和饲料报酬影响较小，而对獭兔的繁殖性能和育肥效果影响较大。如繁殖母兔每天光照

14～16 小时，可获得最佳繁殖效果，接受人工光照的成年母兔所产的断奶仔兔数要比自然光照的多 8%～10%。而公兔害怕长时间光照，如每天给公兔光照 16 小时，会导致公兔睾丸体积缩小、重量减轻，精子数量减少。因此，公兔每日光照以 8～12 小时为宜。仔兔和育肥兔每天光照 8 小时。此外，光照还影响獭兔的季节性换毛。阳光能够杀菌，并可使兔舍干燥，有助于预防兔病。在寒冷季节，阳光还有助于提高舍温。

（2）光照的控制　一般獭兔适宜的光照强度约为 20 勒克斯。繁殖母兔需要的光照强度要大些，可用 20～30 勒克斯，而育肥兔只需要 8 勒克斯。光照分人工光照和自然光照，前者指用各种灯光，后者一般指日照。开放式和半开放式兔舍一般采用自然光照，要求兔舍门窗的采光面积应占地面面积的 15%左右，阳光入射角一般为 25°～30°。在短日照季节还可以人工补充光照。密闭式兔舍完全采用人工光照，室内照明要求光照强度达到 75～300 勒克斯。给獭兔供光多采用白炽灯或日光灯，以日光灯供光为佳，既提供了必要的光照强度，而且耗电较少，但安装投入较高。光照时间和光照强度由人工控制。光照时间只需通过按时开关灯来加以控制，一般光照时间为明暗各 12 小时，或明 13 小时、暗 11 小时。一般通过调整灯的数量和功率控制光照强度。注意人工供光时，光线分布要均匀。

5. 噪声控制

（1）噪声对獭兔的危害　獭兔胆小怕惊，突然的噪声可引起妊娠母兔流产、胚胎死亡数增加，哺乳母兔拒绝哺乳，严重时会咬死自己所生的仔兔。

（2）噪声的控制　在兴建兔舍时一定要远离高噪声区，

如公路、铁路、工矿企业等，尽量保持舍内安静，同时要避免犬、猫等的惊扰。獭兔的噪声标准可参考人的标准，即不超过 85 分贝。

6. 灰尘控制

（1）*灰尘对獭兔的危害* 兔舍中的灰尘除对獭兔呼吸道有直接物理性刺激和致病作用外，还可成为病原体的载体，对病原体起到保护和散布作用。兔舍空气中微生物含量与灰尘含量高度相关，许多细菌不是形成灰尘微粒的核，而是由灰尘所载。兔舍空气中微生物浓度与灰尘浓度趋势一致，也受舍内温度、湿度和紫外线照射的影响。空气中微生物主要是大肠杆菌、球菌以及一些霉菌等，在某些情况下，也载有兔瘟病毒等。其中，对獭兔健康有重大影响的是生物性颗粒物，包括尘螨、动物皮毛尘土、真菌等。这些生物主要存活于灰尘中，其中 1 克灰尘甚至可附着 800 只螨虫。

（2）*灰尘的控制* 为了减少兔舍中灰尘与微生物的含量，兔舍应尽量避免使用土地面，防止舍内过分干燥，兔舍要适当通风。如饲喂粉料时，要将粉料充分拌湿。在兔舍周围种植草皮，也可使空气中的含尘量减少 5%。

7. 灭鼠和杀虫 鼠是獭兔某些传染病病原体的携带者和传播者，必须消灭。灭鼠可先消除鼠类动物繁殖和活动的环境，其次积极采取各种方法直接灭鼠，如用鼠笼、鼠夹和杀鼠药等方法消灭。在使用杀鼠药灭鼠时，要尽量用一些对人和家畜毒性小的灭鼠药，同时，要防止这些药物对环境造成的污染。

蚊、蝇、蚤、蜱等吸血昆虫会侵袭獭兔并传播疫病，因此，在獭兔生产中，要采取有效的措施防止和消灭这些昆虫。可在兔舍和饲料加工间的门窗上安装纱门、纱窗。搞好兔舍及周围的环境卫生，铲除杂草，填平污水坑，盖严排污沟，清除蚊、蝇等昆虫滋生的场所等。可使用一些杀虫剂在兔舍内外进行喷洒杀虫，杀虫所使用的杀虫剂要尽量对人和獭兔没有危害，且对环境没有污染。

8. 环境绿化　兔场周边可种植乔木和灌木混合林带。场区设隔离林带，以分隔场内各区。道路两旁绿化。在靠近建筑物的采光地段，不应种植枝叶过密、过于高大的树种，以免影响兔舍采光。生产实践证明，绿化工作搞得好的兔场，夏天可降温 3～5 ℃，相对湿度可提高 20%～50%。种植草地可使空气中的灰尘量减少 5%左右。

三、粪尿处理

1. 兔粪的特点　兔粪是一种高效优质的有机肥料。据统计，1 只成年兔每年可积肥约 100 千克，10 只成年兔的粪肥相当于 1 头猪的积肥量。兔粪中的氮、磷、钾含量高于其他家畜。据测验，兔粪中的含氮量约为牛粪的 7.7 倍、猪粪的 3.8 倍、羊粪的 3.3 倍、鸡粪的 1.5 倍；而含磷量则是牛粪的 7.7 倍、猪粪的 5.8 倍、羊粪的 4.6 倍、鸡粪的 2.9 倍；含钾量又是牛粪的 4 倍、猪粪的 2 倍、羊粪的 2.7 倍、鸡粪的 1.6 倍。兔粪、尿液中的尿素、氨以及钾、磷等，均可新鲜使用，都能被植物吸收利用。但粪中的蛋白质等未消化的有机物质，要经过腐熟转变成氨或氨离子后才能被植物吸收。

2. 兔粪处理与应用

（1）兔粪的处理　一般兔粪的处理方法有两种，一种是每天将清理出来的兔粪尿及污物堆放在一起，达到一定数量之后，稍加修整，使其堆放整齐，在上面盖上一层泥土，封闭起来，使里面的微生物、腐败菌等大量繁殖、增温、腐熟（据测定内部发酵温度可达 60 ℃）。另一种方法是将每天清理出来的兔粪尿及污物堆放在固定的粪坑内，待粪坑堆满后，在上面用泥土覆盖严密，使其发酵、腐熟。比较科学的兔粪液制造方法是将兔粪放在缸内加水密封，经过 5～10 天自然发酵，促其分解，然后用箩筐、麻袋或纱布过滤，过滤后装入缸中密封待用。这种方法能减少氮的挥发，有利于保持肥分。

（2）兔粪的应用

①兔粪作肥料：处理后的兔粪经过 5～10 天后，便可开封使用。这样经过生物热发酵的兔粪便所含的各种有害微生物及寄生虫卵均可被高温杀死，既可达到消毒的要求，又能提高肥效，减少氨的挥发。兔粪中残存的粗纤维，虽然没有肥分，但对改良土壤结构具有一定的作用。兔粪尿经过腐熟后，加水用作速效肥喷施在植物叶面，也能被植物吸收。目前，我国各地使用兔粪尿液喷施农作物，不仅用量省、肥效快，而且增产效果比较显著。兔粪液的喷施用量，可根据各地的实际情况和作物种类酌情选定。一般小麦在孕穗期，每公顷用兔粪液 37.5 千克，加水 555 千克；小麦在扬花期，用粪液 105 千克，加水 675 千克。水稻在孕穗期，每公顷可用兔粪液 75 千克，加水 1 125 千克；在扬花期，用粪液 225 千克，加水 3 375 千克；在灌浆期，用兔粪液 300 千克，加水 4 500 千克。喷施兔粪液应当注意：A. 要在晴天的上、下午喷施为佳，避免在中午喷施，以免中午阳光暴晒，蒸发快，效果差。特别是在扬花期，切忌中午喷施。B. 喷施的雾点要细，这样可增强附着力，有利于叶面吸收。C. 喷施

后，若遇雨天，应当补喷。若有露水时，应等露水干后再喷。D. 为了保证喷施的效果，喷施后还必须做好田间管理，以使喷施的兔粪液发挥更佳的效果。果园、菜园、茶园、竹园、苗圃等用兔粪作基肥，一方面能保证果、茶、菜、竹和林木长势良好，另一方面兔粪有驱虫灭菌的作用。兔粪与其他主要畜禽粪肥成分见表 7-1。

表 7-1　兔粪与其他主要畜禽粪肥成分

类别	含氮量（%）	含磷量（%）	含钾量（%）	每吨粪肥相当于		
				硫酸铵（千克）	过磷酸钙（千克）	硫酸钾（千克）
兔粪	2.3	2.3	0.8	108.48	100.90	17.85
猪粪	0.6	0.4	0.4	28.30	17.60	8.92
牛粪	0.3	0.3	0.2	14.14	13.16	4.46
羊粪	0.7	0.5	0.3	33.50	21.96	6.70
鸡粪	1.5	0.8	0.5	70.91	35.10	11.20

②兔粪作饲料：兔粪营养丰富，富含蛋白质、维生素和碳水化合物，如经适当处理，也可作为饲料饲喂各种畜禽。目前处理兔粪的方法主要采用人工干燥、氧化发酵和乳酸发酵等。人工干燥是利用高温或日光暴晒，使兔粪含水量降至10%～30%，不仅可保存粪内的有机物质，且能抑制各种病原微生物。氧化发酵就是在有氧条件下，利用好气微生物产生发酵作用。乳酸发酵是将兔粪拌以麸皮或米糠，然后加入少量乳酸菌，密闭产热抑制其他微生物。兔粪可与其他能量饲料混合压制成颗粒饲料。用量一般为日粮的 20%左右。兔粪放入鱼塘喂鱼，可提高鱼产量。此外，兔粪也可经沼气发酵后，用沼液喂猪、鸡等。沼液中含有丰富的蛋白质、矿物质，以及赖氨酸、色氨酸、氰钴酸、烟酸和核黄素等营养

成分，还含有动物生长发育所必需的铜、铁、镁、锰、锌等微量元素，是一种潜在的动物营养资源。另外，沼气池中种类多、数量大的细菌群落具有极强的繁殖能力，在新陈代谢中产生大量的细菌蛋白，使沼液中有效营养更加丰富。

③兔粪生产沼气：兔粪可以用来生产沼气，沼气可以作为燃料和照明。沼气是有机物质在厌氧条件下，经过微生物发酵作用生成的一种可燃性气体。主要成分有甲烷和二氧化碳，同时还含有少量的一氧化碳和硫化氢等气体。因为其具有可燃性、可爆炸性、可窒息性，所以要加强沼气生产的日常安全管理。

3. 兔尿及污水的处理　兔尿及兔场的污水必须经过处理后方可排出。兔尿及污水的处理方法有多种，一般可以采用物理处理法和活性污泥法来处理。

（1）物理处理法　即利用物理作用除去兔尿及污水的漂浮物、悬浮物和油污等，同时从废水中回收有用物质的一种简单水处理方法。常用于兔尿及污水处理的物理方法有重力分离、离心分离、过滤、蒸发结晶和磁力分离法等。①重力分离法指利用兔尿及污水中泥沙、悬浮固体和油类等在重力作用下与水分离的特性，经过自然沉降，将兔尿及污水中密度较大的悬浮物除去。②离心分离法是在机械高速旋转的离心作用下，把不同质量的悬浮物或乳化油通过不同出口分别引流出来，进行回收。③过滤法是用石英砂、筛网、尼龙布、隔栅等作过滤介质，对悬浮物进行截留。④蒸发结晶法是加热使兔尿及污水中的水汽化，固体物得到浓缩结晶。⑤磁力分离法是利用磁场力的作用，快速除去兔尿及污水中难于分离的细小悬浮物和胶体，如油、重金属离子、藻类、细菌、病毒等污染物质。

（2）*活性污泥法* 活性污泥是以兔尿及污水中有机污染物为培养基，在充氧曝气条件下，对各种微生物群体进行混合连续培养而成的，是由细菌、真菌、原生动物、后生动物等微生物及金属氢氧化物占主体，具有凝聚、吸附、氧化、分解废水中有机污物性能的污泥状褐色絮凝物。活性污泥中至少有 50 种菌类，它们是净化功能的主体。污水中的溶解性有机物是透过细胞膜而被细菌吸收的；固体和胶体状态的有机物是先由细菌分泌的酶分解为可溶性物质，再渗入细胞而被细菌利用。活性污泥的净化过程就是污水中的有机物质通过微生物群体的代谢作用，被分解氧化后合成新细胞的过程。人们可根据需要培养出含有不同微生物群体并具有适宜浓度的活性污泥，用于净化受不同污染物污染的水体。

四、疫源控制

疫源控制是指对最初出现疫病的场所或个体进行有效的控制，防控疫病发生和蔓延。

1. 隔离和封锁 即在发生传染病或疑似传染病时，为防止传染病的进一步扩散和蔓延，有效地控制扑灭传染病所采取的紧急防护控制措施。隔离和封锁是指将患病兔和疑似感染兔控制在与其他健康兔相对隔绝、利于防疫和管理的环境中，进行单独饲养、治疗、防疫处理的方法。这是控制传染病重要而常用的措施，其意义在于严格控制传染源，有效地防止传染病蔓延。在发生传染病时，要立即仔细检查所有的獭兔，根据獭兔的健康程度不同，可分为不同的兔群，区别对待。

（1）*病兔* 把症状明显的獭兔隔离在原来的场所，单独或集中饲养在偏僻、易于消毒的地方，专人饲养，加强护理、观察和治疗，病兔饲养人员不得进入健康兔群的兔舍。要固定所用的工具，注意对场所、用具的消毒，出入口设有消毒池，进出人员必须经过消毒后，方可进入隔离场所。粪便无害化处理，其他闲杂人员和动物避免接近。如经查明场内只有极少数的獭兔患病，为了迅速扑灭疫病并节约人力和物力，可以扑杀病兔。

（2）可疑病兔　与传染源或其污染的环境（如同群、同笼或同一运动场等）有过密切的接触，但无明显症状的獭兔，有可能处在潜伏期，并有排菌、排毒的危险。对可疑病兔所用的用具必须消毒，然后将其转移到其他地方单独饲养，紧急接种和投药治疗，同时，限制活动场所，平时注意观察。

（3）假定健康兔　无任何症状，一切正常，要将这些獭兔与上述两类兔子分开饲养，并做好紧急预防接种工作，同时，加强消毒，仔细观察，一旦发现病兔，要及时消毒、隔离。

此外，对污染的饲料、垫草、用具、兔舍和粪便等进行严格消毒。妥善处理好尸体。做好杀虫、灭鼠、灭蚊蝇工作。在整个隔离和封锁期间，禁止由场内运出和向场内运进獭兔、饲料、养兔的用具，禁止场内獭兔迁移，禁止其他畜牧场、饲料间工作人员的来往以及场外人员来兔场参观。当传染病扑灭后，经过2周不再发现病兔时，才可以解除隔离和封锁。

2. 尸体处理　科学及时地处理獭兔尸体，可有效地消灭传染源，对防止獭兔传染病发生、避免环境污染和维护公共卫生等具有重大意义。獭兔尸体可采用焚烧法和深埋法进行处理。

(1) 焚烧法　一种传统的处理方式，是杀灭病原最可靠的方法。可用专用的焚尸炉焚烧獭兔尸体，也可利用供热的锅炉焚烧。但近年来，许多地区制定了防止大气污染条例，限制焚烧炉的使用。

(2) 深埋法　一种简单的处理方法，费用低且不易产生气味，但埋尸坑易成为病原的贮藏地，并有可能污染地下水。因此必须深埋，而且要有良好的排水系统。

第二节　兔群保健

做好兔群免疫与药物保健，提高兔群体质和抗病能力，预防传染性疾病、寄生虫病等的发生和蔓延，降低群体疾病的发生率与死淘率是这一任务的重点。

一、兔场免疫

如何降低兔群易感性，提高兔群的免疫力，有效地防制疫病的发生和流行，要通过免疫预防来完成。免疫即机体对病原微生物及其产物具有不同程度的抵抗力，免除疫病或病原微生物感染。在獭兔生产中利用免疫技术，人为地使獭兔对原本敏感的特定病原微生物（如兔瘟病毒）的感受性降低，即产生抵抗力，从而免受该病原微生物的侵袭与伤害，达到防病的目的。

1. 免疫预防　在生产中，人工接种抗原或注射血清，使獭兔获得对某种病原（如兔病毒性出血症病毒）的抵抗力，免受该病原的侵袭，达到防病的目的。有计划、有目的地进行疫苗注射，使兔体内产生相应的抗体而获得免疫，是兔场预防、控制和扑灭传染病的有效措施。兔场常见传染病及常用疫苗用法见表7－2。

表7－2　兔场常见传染病及常用疫苗用法

病　名	疫　苗	用　法	免疫期
兔病毒性出血症（兔瘟）	兔病毒性出血症组织灭活苗	颈部皮下注射1～2毫升，7天左右产生免疫力。35～40日龄首免，55～60日龄加强免疫，此后每年免疫3次	4～6个月
巴氏杆菌病	兔多杀性巴氏杆菌灭活苗	肌内或皮下注射1毫升，7天左右产生免疫力，30日龄首免，间隔2周加强免疫，此后每年免疫2～3次	4～6个月
兔波氏杆菌病	支气管败血波氏杆菌病灭活苗	肌内或皮下注射1毫升，7天左右产生免疫力，母兔妊娠后1周、仔兔断奶前1周接种，	4～6个月
兔魏氏梭菌病	兔魏氏梭菌灭活苗	肌内或皮下注射，7天左右产生免疫力，30日龄以上兔每只注射1毫升，间隔2周加强免疫，其他兔每年免疫2～3次	4～6个月
兔大肠杆菌病	兔大肠杆菌灭活苗	肌内注射，7天左右产生免疫力，仔兔20～30日龄接种1毫升	4个月
兔肺炎克雷伯氏菌病	兔肺炎克雷伯氏菌灭活苗	皮下注射，7天左右产生免疫力，仔兔断奶时接种1毫升	4～6个月

2. 免疫程序　獭兔的免疫程序应根据各地的流行病学情况，在易感日龄前进行免疫，有条件的兔场应根据兔群抗体监测结果进行免疫。例如兔病毒性出血症在全国各地流

行，无明显的季节性，幼兔应在母源抗体下降致 8～16 倍时（35～40 日龄）接种；母兔产后会发生乳房炎，应该在母兔配种时接种葡萄球菌苗；兔群中若没有发现过呼吸道疾病，就无需接种巴氏杆菌疫苗和波氏杆菌疫苗。

（1）仔、幼兔免疫程序　见表 7－3。

表 7－3　仔、幼兔免疫程序

日　龄	疫苗名称
33～35	兔病毒性出血症疫苗
40～45	巴氏杆菌病、波氏杆菌二联灭活疫苗或多杀性巴氏杆菌灭活疫苗
50～55	兔病毒性出血症病毒、巴氏杆菌二联苗或兔病毒性出血症疫苗
70	魏氏梭菌灭活疫苗

注：是否进行巴氏杆菌病、波氏杆菌病、魏氏梭菌病的免疫，以及魏氏梭菌病的免疫时间，应根据兔场发病日龄决定。

（2）青年、成年兔免疫程序　青年、成年兔采取定期全面防疫的方法，一年 2 次或 3 次定期免疫。其中，繁殖母兔的兔病毒性出血症疫苗用量加倍，其他疫苗按常规量使用。各种疫苗间隔 3～5 天接种。也可以使用联苗，省时省力。在乳房炎多发的兔场，母兔配种前可接种葡萄球菌疫苗，一年 2～3 次。

因生产、兔群健康状况、环境控制以及疫病流行等情况不同，已有的免疫程序只能作为参考。如当地有疫情发生或兔群有变化，应提前、推后或补加某种疫苗，确保兔群的安全。

二、药物预防

药物预防是免疫预防必要的补充，可弥补有些兔病无疫苗（如球虫病）、有的疫苗免疫效果不确实（如大肠杆菌病）的不足，有些普通疾病（如便秘、应激等）使用药物防控也有较好的效果。

1. 獭兔常用给药方法

（1）饲料饮水给药　是最简单、最方便的一种给药方法，通过拌料或饮水的方法投服，一般要求现拌现用，最好当天用完。适合于群体保健用药，毒性小、适口性好、无异味、性质稳定的药物。病兔应在有食欲或饮欲时使用。

（2）灌服给药　适用少量兔，用量小、有异味的药物，特别是在饮、食废绝时使用。

（3）胃管投药　适用有异味、毒性大的药品，特别是拒食的个体使用。

（4）注射给药　獭兔常用注射方法有皮下注射、肌内注射、静脉注射、腹腔注射等。

（5）灌肠　是将药液灌入直肠或结肠内。常在病兔食欲废绝时，进行人工营养；便秘时，冲洗直肠或结肠积粪；病兔兴奋不安时，灌入镇静剂等。

（6）局部给药　是治疗外伤、皮肤病、体外寄生虫病的常用给药方法。

（7）点眼　将眼药膏、眼药水、洗眼液等直接点入眼部，是治疗眼部疾病的有效给药方法。

2. 常用药品

（1）青霉素　别名苄青霉素、青霉素克，临床上常用其钠盐和钾盐。主要对革兰氏阳性菌和球菌有效，对放线菌和螺旋体也有强大的抗菌作用。对结核杆菌、病毒、立克次体无效。主要用于敏感菌感染症，如坏死杆菌病、螺旋体病、葡萄球菌病等。

（2）土霉素　别名氧四环素。为广谱抗生素，主要对细菌的生长繁殖起抑制作用。可用于革兰氏阳性菌，如肺炎球菌、链球菌、部分葡萄球菌、破伤风杆菌、炭疽杆菌等，以及革兰氏阴性菌，如大肠杆菌、沙门氏杆菌、嗜血杆菌、巴氏杆菌等引起的感染。也可用于立克次氏体、支原体的感染。兔每千克体重 40 毫克，每日 1 次。0.2%～0.4%拌料混饲。

（3）链霉素　抗菌谱较青霉素广，主要用于结核杆菌、革兰氏阴性杆菌和某些葡萄球菌菌株的感染，也可用于钩端螺旋体和放线菌病等。但对大多数革兰氏阳性菌的效力不及青霉素。在较低浓度时有抑菌作用，在较高浓度下有杀菌作用。每千克体重 10 万～20 万国际单位，用注射用水溶解，肌内注射，每日 2 次，也可腹腔注射。由于消化道不吸收，治疗全身性感染时不能口服。

（4）卡那霉素　抗菌谱较广。主要对革兰氏阴性菌如大肠杆菌、产气杆菌、肺炎杆菌、变形杆菌、沙门氏菌、多杀性巴氏杆菌等有较强抗菌作用。对耐药性金黄色葡萄球菌、结核杆菌也有效。但对链球菌等效果不佳。临床上主要用于防治坏死性肠炎、乳腺炎，以及呼吸道、泌尿道、肠道感染等。剂量为每千克体重 10～20 毫克，肌内注射，每日 2 次。

（5）庆大霉素　别名硫酸正泰霉素。广谱抗生素，对大多数革兰氏阴性菌如大肠杆菌、沙门氏杆菌、绿脓杆菌、巴氏杆菌等，以及革兰氏阳性菌如金黄色葡萄球菌、炭疽杆菌、链球菌有较好抗菌作用。临床上常用于治疗大肠杆菌性肠炎、子宫炎、乳腺炎，对慢性呼吸道病也有效。内服可治疗败血症、肠炎型大肠杆菌病。

（6）北里霉素　别名柱晶白霉素。广谱抗生素，对革兰氏阳性菌有较强的抗菌作用，对某些革兰氏阴性菌、支原体、立克次氏体、螺旋体和大型病毒有效。对支原体有强大的抗菌作用。对耐药金黄色葡萄球菌比红霉素、四环素等更有效。内服吸收快。

（7）*泰乐菌素* 别名泰乐霉素。畜禽专用抗生素。主要对革兰氏阳性菌和部分革兰氏阴性菌、螺旋体等有抑菌作用，对支原体有特效。与红霉素有交叉耐药性。临床上对敏感菌所致的肺炎、子宫炎、肠炎有治疗作用。

（8）*磺胺类药* 该药具有抗菌谱广、性质稳定、不易变质、便于保存，吸收后容易分布到全身各组织甚至到脑脊液中，有多种制剂可供临床选择应用等优点。

磺胺药无直接杀菌作用，主要是抑菌作用，能抑制大多数革兰氏阳性菌及部分革兰氏阴性菌。根据病原菌对磺胺药的敏感性，可分为高度敏感和次敏感两类，高度敏感菌有链球菌、肺炎球菌、沙门氏菌、化脓棒状杆菌等；次敏感菌有葡萄球菌、大肠杆菌、巴氏杆菌、痢疾杆菌等。此外，某些磺胺类药还能选择性地抑制某些原虫，如磺胺-6-甲氧嘧啶，还可用于防治球虫病和弓形虫病。

磺胺类药能治疗多种细菌感染性疾病，如乳腺炎、子宫炎、腹膜炎、呼吸道感染、消化道感染、泌尿道感染以及巴氏杆菌病等，另外对兔葡萄球菌病、传染性口炎也有较好的疗效。

常用的药物：磺胺甲基异噁唑（SMZ、新诺明）。抗菌作用较其他磺胺类药物强，可列首位。临床应用范围广，疗效近似四环素、氨苄青霉素。常用于呼吸道、泌尿道感染。与 TMP 合用可增效至数十倍。每千克体重 0.1 克，每日 1 次，连服 2 天，停药 3 天，再服 3 天。

（9）抗菌增效剂　一类新型的广谱抗菌药，不仅自身呈现抗菌作用，而且与磺胺类、抗生素等药物配合应用，可以显著增强抗生素、磺胺药的疗效，故称为抗菌增效剂。但细菌很容易产生耐药性，故不易单独应用，常用的药物有三甲氧苄氨嘧啶（TMP）、二甲氧苄氨嘧啶（敌菌净、DVD）。

（10）喹诺酮类　恩诺沙星粉，拌料混饲，每吨饲料加20克，饮水用量减半。

（11）抗真菌药

①灰黄霉素：抗真菌类抗生素。可有效地抑制毛癣菌属、表皮癣菌属等真菌的生长，对深部真菌感染、细菌、放线菌无效。临床上主要用于浅部真菌感染，对獭兔的毛癣有较好的治疗效果。治疗以内服为主，外用因不易透入皮肤而难奏效。

②两性霉素B：抗深部真菌感染药。对本品敏感的真菌有皮炎芽生菌、组织胞浆菌、念珠菌、球孢子菌等。主要用于治疗深部真菌感染，如组织胞浆菌病、芽生菌病、念珠菌病、球孢子菌病等。对曲霉病和毛霉病也有一定疗效。

③发癣退：别名杀癣灵。具有较强的杀真菌作用，对动物表皮癣菌、小孢子菌、毛癣菌均有效。

④克霉唑：别名抗真菌1号、三苯甲咪唑。具有广谱抗真菌活性，对表皮癣菌、毛癣菌、曲霉菌、念珠菌属的作用较好，对皮炎芽生菌也有一定作用。对浅部真菌病的疗效与灰黄霉素相似，对深部真菌病的疗效与两性毒素B相似。

⑤制霉菌素：具有广谱抗真菌作用。对念珠菌属作用特别明显。对曲霉菌、毛霉菌、表皮癣菌、小孢子菌、球孢子菌也有效。

（12）抗寄生虫药

①阿维菌素（灭虫丁）：不溶于水，可溶于乙醇、丙二

醇等。对体内外寄生虫均具有强力、高效的驱虫作用。但对绦虫、球虫无效。

②伊维菌素：本品作用与阿维菌素相同，但毒性作用较小。

③左旋咪唑：具有用量小、疗效高、毒性低、副作用小、驱虫范围广的特点，主要用于驱治消化道线虫。獭兔驱虫以 25 毫克/千克拌料口服。

④敌百虫：白色晶粉，易溶于水，水溶液性质不稳定，宜现配现用，遇碱性水溶液可变成敌敌畏，毒性大大增加。驱虫范围广泛，对多种体内外寄生虫有效。

⑤吡喹酮：无色晶体，味苦，难溶于水，易溶于乙醇。口服易吸收，对动物的多种绦虫有效，且作用快。用于治疗兔豆状囊尾蚴病。

⑥地克珠利：抗球虫药。拌料混饲，每吨饲料 2～5 毫克。

⑦氯苯胍：每千克饲料用药 150 毫克，拌匀让兔自由采食，治疗量加倍。

⑧敌杀死：又名溴氰菊酯。本品杀虫范围广，对多种昆虫有杀灭作用，且杀虫效力强，毒性低，残留低。常用 2.5％乳剂配成 0.01％～0.02％溶液，用于杀灭蜱、螨、蚊、蝇等。

⑨速杀灭丁：又名氰戊菊酯。广谱杀虫剂，对多种体外寄生虫有良好的防治效果。可用于治疗兔体外寄生虫感染及对环境、兔舍等灭虫。常用 20％乳剂配成 0.02％溶液治疗兔螨病，配成 0.004％～0.008％溶液用于杀灭蚊蝇等。

（13）调节新陈代谢的药物

①调节水盐代谢的药物：常用葡萄糖盐水，一般用 5％

葡萄糖盐水给病兔（特别脱水严重的）静脉注入25～50毫升，可以起到供给能量、补充体液、强心利尿、解毒等作用。

②维生素：獭兔的肠胃寄生微生物可以合成部分B族维生素和维生素C，皮肤经日光照射可产生维生素D。但如果饲料中维生素含量不足，机体需要量相对增加或机体的排出增多、吸收减少时，均可引发维生素缺乏症，这时就需要补充维生素。水溶性维生素包括B族维生素及维生素C等。脂溶性维生素包括维生素A、维生素D、维生素E和维生素K。

第三节 兔病的诊疗技术

在工厂化养兔生产中，兔群中一旦有发病甚至死亡的兔，应尽快准确地查明原因，以便采取有效措施，控制疾病发展。

一、獭兔的保定和捕捉方法

獭兔虽然是小动物，性情温和，但它行动敏捷，被毛光滑，又具有防御的天性，会用牙齿和爪来防卫。在诊治过程中，稍有不慎，会被兔抓伤或咬伤。同时兔胆小怕惊，在捕捉、搬运和促定时会挣扎，如方法不当，会对兔造成不必要的损伤。

（一）捕捉獭兔的方法

有些人捉兔，习惯抓住两耳或后肢，这是错误的。抓住两耳或后肢会使兔挣扎或跳跃，损伤耳、腰、后肢，致使脑缺血或充血。对成年兔直接抓其腰部也不对，这样会损伤皮下组织和内脏，影响健康。正确的方法是：

1. 幼兔 因其个体小，体重轻，可以直接抓其背部皮肤，或围绕胸部大把松松抓起，切不可把握太重。

2. 中兔 应悄悄接近，切不可突然接近，先用手抚摸，消除兔的恐惧感，静伏后，大把连同两耳将颈肩部皮肤一起抓起，兔体平衡，不会挣扎。

3. 成年兔 方法同中年兔，但由于成年兔体重大，操作者需两手配合，一手捕捉，一手置于股后托住兔臀部，以支持体重，这样既不会伤害兔，也可避免抓伤人。

（二）兔的徒手搬运

以一手大把抓住两耳和颈肩皮肤，虎口方向与兔头方向一致，将兔头置于另一手臂与身体之间，上臂与前臂成90°角夹住兔体，手置于兔的股后部，以支持兔的体重。搬运中应遮住兔眼，兔既无不适之感，又表现安定。

（三）獭兔的保定方法

1. 徒手保定法 用一手抓住兔的颈背部皮肤，另一只手抓住臀部皮肤和尾，固定在平面上，或用一只手抱在胸前，也可抓住兔的两后肢膝关节上部，使其腹部朝上，进行腹腔注射、乳房和四肢的检查等。

2. 器械保定法

（1）包布保定 用一边长1米的正方形或正三角包布，其中一角缝上两根30～40厘米长的带子，把包布展开，将兔置于包布中心，把包布折起，包裹兔体，露出兔体及头部，最后用带子围绕兔体并打结固定。适用于耳静脉注射、经口给药或胃管灌药。

（2）手术台保定　将兔四肢分开，仰卧于手术台上，然后分别固定头和四肢。生产应用时可购买定型的小动物手术台。适用于兔的阉割术、乳房疾病治疗及腹部手术等。

（3）保定筒保定　保定筒由筒体与筒盖两部分组成。在筒体一端边缘挖有一个半圆形缺口，将獭兔放入筒内，拉出兔头，推紧盖子，将兔头卡在筒外。此法适于静脉注射、灌药、采血、口腔治疗、耳疥癣治疗等。

3. 化学保定法　给獭兔注射镇静剂和肌肉松弛剂，使獭兔安静，无力挣扎。

二、獭兔的临床检查

（一）一般检查

1. 外貌检查

（1）体格发育和营养状态　体格发育良好的獭兔，外观其躯体各部匀称，肌肉结实。发育不良的则表现体躯矮小，结构不匀称，瘦弱无力，幼龄阶段表现发育迟缓或发育停滞。

营养良好的獭兔，肌肉和皮下脂肪丰满，骨骼棱角处不显露。反之，表现消瘦，骨骼显露。

（2）精神状态　精神状态是衡量中枢神经机能的标志。正常时中枢神经的兴奋和抑制过程保持动态平衡，对外界刺激反应灵敏。健康獭兔经常保持警戒状态，外耳壳能活动并能彼此独立动作。轻微的特异声响便可使其立即抬头并两耳竖立，转动耳壳。如有危险情况，则呈俯卧状，似做隐蔽姿势。

2. 被毛与皮肤　健康獭兔被毛平滑，有光泽，生长牢固，并随季节进行换毛。被毛粗乱、蓬松、缺乏光泽，则是营养不良或慢性消耗性疾病的表现。换毛延迟，或非换毛季节而大量脱毛，也是一种病态，应查明原因。如螨病和湿疹都可以出现成片的脱毛，这时常伴有皮肤的病变。

皮肤检查应注意温度、湿度、弹性、有无肿胀及外伤等。

3. 体温测定　一般采取肛门测温法。测温时，用左臂夹住兔体，左手提起尾巴，右手持体温计插入肛门，深度3.5～5厘米，保持3～5分钟。獭兔的正常体温为38.5～39.5℃。

4. 脉搏数测定　獭兔多在大腿内侧近端的股动脉上检测脉搏，也可直接触摸心脏，计数0.5～1分钟，算出1分钟的脉搏数。健康兔的脉搏数为120～150次/分钟，热性病、传染病或疼痛时，脉搏数增加。脉搏迟缓者较为少见。

5. 呼吸数检查　观察胸壁或肋弓的起伏，计数0.5～1分钟，算出1分钟的呼吸数。健康兔的呼吸数1分钟为50～80次。

（二）系统检查

1. 消化系统检查

（1）食欲及采食检查　进行食欲及采食检查时，兽医人员必须熟悉獭兔的生活习性。獭兔在采食时，对于经常吃的饲料，嗅后立即放口采食，采食速度相当快。食欲旺盛的獭兔，对正常喂量的饲料，在15～30分钟吃光。食欲减退的，如果不是饲料品质问题，则表现对饲料不亲，采食速度减慢或拒食（食欲废绝）。食欲减退是许多疾病的最早指征之一。充满食物的饲槽即提醒人们要注意疾病问题的标志。

（2）腹部检查　獭兔腹部检查主要靠视诊和触诊。腹部视诊主要观察腹部形态和腹围大小。腹部上方明显膨大、肷窝突出，是肠积气的表现；腹下部膨大，触诊有波动感，改变体位时膨大部随之下沉，是腹腔积液的体征。

腹部触诊时，令助手保定獭兔的头部，检查者立于尾部，用两手的指端同时从左右两侧压迫腹部。健康兔腹部柔软并有一定的弹性。当触诊时出现不安、闹动、腹肌紧张且有震颤时，提示腹膜有疼痛反应，见于腹膜炎。腹腔积液时，触诊有波动感。肠管积气时，触诊腹壁有弹性增强感。

2. 呼吸系统检查

（1）呼吸式检查　健康獭兔呈胸腹式（混合式）呼吸，即呼吸时，胸壁和腹壁的运动协调，强度一致。出现胸式呼吸时，即胸壁运动比腹壁明显，表明病变在腹部，如腹膜炎；出现腹式呼吸时，即腹壁运动明显，表明病变在胸部，如胸膜炎、肋骨骨折等。

（2）咳嗽检查　健康兔偶尔咳一两声，借以排出呼吸道的分泌物和异物，是一种保护性反应。如出现频繁或连续性的咳嗽，则是一种病态。病变多在上呼吸道，如喉炎、气管炎等。

（3）鼻液检查　健康獭兔鼻孔清洁、干燥。当发现鼻孔周围有泥土黏着，说明鼻液分泌增加。应对它的表现、鼻液性状进行进一步的检查。如鼻液增加，并伴有瘙痒感，用两前肢搔抓鼻部或向周围物体上摩擦并打喷嚏，提示为鼻黏膜损伤。如鼻液污秽不洁，且发出恶臭味，则可能为坏疽性肺炎，这时可配合鼻液的弹力纤维检查。

（4）胸部检查　獭兔的胸部检查应用不多。怀疑肺部有炎症时，进行胸部透视或摄片检查，可以提供比较可靠的诊断。

3. 泌尿系统检查

（1）排尿姿势检查　排尿姿势异常主要有排尿失禁和排尿带痛。尿失禁是兔不能采取正常排尿姿势，不自主地经常或周期性地排出少量尿液，是排尿中枢损伤的指征。排尿带痛指獭兔排尿时表现不安、呻吟、鸣叫等，见于尿路感染、尿道结石等。

（2）排尿次数和尿量检查　獭兔排尿次数不定，日排尿量100～250毫升。排尿量增多见于大量饮水后，慢性肾炎或渗出性疾病（渗出性胸膜炎等）吸收期。排尿量减少，次数也减少，见于急性肾炎、出大汗或剧烈腹泻等。

三、病料的采取、保存和送检

病料的送检方法应依据传染病种类和送检目的不同而有所区别。

（一）病料采取

①怀疑某种传染病时，则采取该病常侵害的部位。

②提不出怀疑对象时，则可将完整獭兔送检。

③败血性传染病可采取心、肝、脾、肾、肺、淋巴结及胃肠等组织，如兔巴氏杆菌病、兔瘟等。

④专嗜性传染病或侵害某种器官为主的传染病，则采取该病侵害的主要器官组织，如兔结核病采取病变结节，兔魏氏梭菌性肠炎采取肠管及肠内容物，有神经症状的传染病采取脑、脊髓等。

⑤检查血清抗体时，则采取血液，待凝固析出血清后，

分离血清，装入灭菌的小瓶送检。

（二）病料保存

采取病料后要及时进行检验，如病料不能立即进行检验，或须送往外地检验时，应加入适量的保存剂，使病料尽量保持新鲜状态，以保证得出正确的结果。

1. 细菌检验材料的保存 将采取的组织块，保存于饱和盐水或30%甘油缓冲液中，容器加塞封固。

（1）饱和盐水配制 蒸馏水100毫升，加入氯化钠38～39克，充分搅拌溶解后，用数层纱布滤过，高压灭菌后备用。

（2）30%甘油缓冲溶液的配制 纯净甘油30毫升，氯化钠0.5克，碱性磷酸钠1克，蒸馏水加至100毫升，混合后高压灭菌备用。

2. 病毒检验材料的保存 将采取的组织块保存于50%甘油生理盐水或鸡蛋生理盐水中，容器加塞封固。

（1）50%甘油生理盐水的配制 中性甘油500毫升，氯化钠8.5克，蒸馏水500毫升，混合后分装，高压灭菌后备用。

（2）鸡蛋生理盐水的配制 先将新鲜鸡蛋的表面用碘酒消毒，然后打开，将内容物倾入灭菌的容器内，按全蛋9份加入灭菌生理盐水1份，摇匀后用纱布滤过，然后加热至56～58℃，持续30分钟，第二天和第三天各按上法加热一次，冷却后即可使用。

3. 病理组织学检验材料的保存 将采取的组织放入10%福尔马林溶液或95%酒精中固定，固定液的用量须为标本体积的10倍以上。如用10%福尔马林固定，应在24

小时后换新鲜溶液一次。严寒气候时，为防组织块冻结，在送检时可将上述固定好的组织块取出保存于甘油和10%福尔马林等量混合液中。

（三）病料送检

1. 病料的记录和送检单 装病料的容器上要编号，并详细记录，附有送检单。

2. 病料包装 要求安全稳妥。对于危险、怕热或怕冻的材料，应分别采取措施。一般微生物检验材料怕热，病理材料怕冻。

3. 病料运送 病料装箱后，要尽快送到检验单位，短途可派专人送去，长途可以空运。

（四）注意事项

①采取病料要及时，一般应在死后立即进行，最迟不要超过6小时。如拖延时间过长，特别是夏天，组织变性和腐败，不仅影响病原体的检出，也影响病理组织学检验的正确性。

②应选择症状和病变典型的病例，最好能同时选择几种不同病程的病料。

③被采病料的獭兔应是未经抗菌药或杀虫药物治疗的，否则会影响微生物和寄生虫的检出结果。

④剖检取材之前，应先对病情、病史加以了解和记录，并详细进行剖检前的检查。

⑤病料应以无菌操作采取。为减少污染，一般先采取微生物学检验材料，然后再结合病理剖检，采取病理检验材料。

⑥病料应放入装有冰块的保温瓶内送检，如无冰块，可在保温瓶内放入氯化铵 450～500 克，加水 1 500 毫升，上层放病料，能使保温瓶内保持 0 ℃达 24 小时。

四、獭兔的传染病检验方法

怀疑兔群中发生传染病时，可根据所怀疑的疾病全面采取病料送到实验室检验，以便及时确诊。

（一）细菌学检验

1. 镜检 取清洁无油污的载玻片，以病料涂片，自然干燥后，经火焰固定，可选用单色法、革兰氏染色法、抗酸性染色法或特殊染色法染色镜检，以观察细菌的形态特征。

2. 分离鉴定病原体 从被检病料中分离细菌，要采用相应的适宜该菌生长的培养基，进行需氧培养或厌氧培养，分得纯培养菌后，利用特殊培养基进行形态学、培养特征、生化特性、致病力和抗原特性鉴定。

3. 动物试验 以灭菌生理盐水将病料制成悬液，经皮下、肌肉、腹腔、静脉或脑内等途径接种于易感动物，如小鼠、大鼠、豚鼠、獭兔等。接种后按常规隔离饲养管理，注意观察，有的还要求定时测体温，如有死亡，应立即进行剖检及细菌学检查。

（二）病毒学检验

1. 样品的处理 无菌取病料组织，接种血清琼脂和血清肉汤，无细菌生长则研细，用无菌生理盐水（pH 7.2 左右）、1∶10 稀释，6 号玻璃滤器过滤，取滤液，加入青霉素、链霉素各 1 000 国际单位/毫升。

2. 病毒的分离鉴定 检验病毒的样品要通过鸡胚或组织培养进行分离，分离得到的病毒要以电子显微镜检查、血清学试验及动物实验等进行理化学和生物学特性鉴定，予以确认。

3. 动物试验 将经上述方法处理的待检样品或细胞培养物接种易感动物，进行动物试验，其方法可参照细菌学检验。

（三）免疫学检验

在动物传染病的免疫学检验中，除凝集反应、沉淀反应、补体结合反应、中和反应等血清学检验方法外，还包括免疫扩散、变态反应、荧光抗体技术、酶标记技术、葡萄球菌 A 蛋白协同凝集试验、载体凝集试验、放射免疫、单克隆抗体技术等。这些方法具有灵敏、快速、简易、准确的特点，用于传染病的诊断，大大提高了诊断水平，应用十分广泛。

五、獭兔的寄生虫病检验

（一）粪便检查

寄生蠕虫的卵、幼虫、虫体及其断片，以及某些原虫的卵、包囊都是通过粪便排出的。因此，粪便检查是寄生虫病生前诊断的一个重要手段。采取新鲜的粪便，进行虫卵检查，常用下列方法。

1. 直接涂片法 在干净的载玻片上滴 1～2 滴清水，用火柴棍取少量粪便放入其中，涂匀，剔除粗渣和多余的粪块，于粪液上覆盖盖玻片，置显微镜下检查。

2. 粪便集卵法

（1）沉淀法　取兔粪5～10克，放在200毫升杯内，加入少量清水，用小棒将粪球捣碎，再加5倍量的清水调成稀糊状，用60目铜筛过滤，静置15分钟，弃去上清液，保留沉渣。再加满清水，静置15分钟，弃去上清液，保留沉渣。如此反复3～4次，以沉渣涂于玻片上，置显微镜下检查。

（2）漂浮法　取兔粪10克，加少量饱和盐水，用小棒将粪球捣碎，再加10倍量的饱和盐水搅匀。以60目铜筛过滤，静置30分钟，用直径5～10毫米的铁丝圈，与液面平行接触蘸取表面液膜，抖落于载玻片上并覆盖盖玻片，置显微镜下检查。

（二）寄生虫虫体检查

1. 蠕虫虫体检查　将兔粪数克盛于盆内，加10倍生理盐水，搅拌均匀，静置沉淀20分钟，弃去上清液。将沉淀物重新加入生理盐水，搅匀，静置后弃去上清液，如此反复2～3次。弃上清液，挑取少量沉渣置于黑色背景上，用放大镜寻找虫体。

2. 线虫幼虫检查法　取兔粪3～10个粪球放在培养皿内，加入适量的40℃温水。10～15分钟后，取出粪球，将留下的液体在低倍镜下检查，可检出幼虫。

3. 螨检查法　在兔体患部，先去掉干硬痂皮，然后以小刀刮取病料，放在杯内，加适量的10%氢氧化钾溶液，微微加温，20分钟后待皮屑溶解，取沉渣涂片镜检。

第四节　獭兔常见病防治

一、传染病

（一）巴氏杆菌病

兔巴氏杆菌病又称兔出血性败血症，是由多杀性巴氏杆菌引起的一种兔的传染病，是危害獭兔的主要细菌性疾病之一。獭兔对多杀性巴氏杆菌十分敏感，常引起大批发病和死亡，给獭兔养殖业造成很大损失。根据临床症状和病理变化，可将该病分为败血型、鼻炎型、肺炎型、中耳炎型、结膜炎型、生殖器官感染和脓肿等类型。

【发病特点】了解兔场发病情况、兔巴氏杆菌疫苗免疫接种情况。

本病一年四季均可发生，以春秋两季多发，散发或呈地方性流行，不同品种、年龄兔均易感，尤以 2～6 月龄兔发病率和死亡率较高。巴氏杆菌常存在于健康獭兔的上呼吸道黏膜和扁桃体中，但不引起发病。病兔和带菌兔是主要传染源，引进带菌种兔是本病流行的重要原因。呼吸道、消化道及皮肤、黏膜损伤是本病的传播途径。病兔分泌物、排泄物污染的饲料、饮水、用具，以及吸血昆虫均是本病的传播媒介。应激因素如饲养密集、营养不良、气候剧变、怀孕等，都易诱发本病。

【临床症状】自然感染潜伏期为 1～6 天，根据症状分为如下 7 个型。

（1）败血症型　分为最急性、急性和亚急性型。流行初期呈最急性型，常不显症状而突然死亡。急性型病兔精神沉郁，食欲废绝，呼吸急促，体温升高至41℃以上，鼻流清涕或脓汁，有时下痢，一般1～3天死亡。死前体温下降，抽搐、颤抖。亚急性型病兔主要表现为肺炎和胸膜炎。病兔呼吸困难、急促，鼻腔有黏液性或脓性分泌物，常打喷嚏。体温略有升高，精神萎靡，有时腹泻。关节肿大，眼结膜发炎，眼睑红肿，结膜潮红。病程1～2周或更长，后衰竭而亡。

（2）传染性鼻炎型　此病型一般传播很慢，传染源长期存在，致兔群大规模发生。病兔流浆液性、黏液性鼻涕，甚至黏液脓性鼻漏，由于鼻道阻塞，呼吸时发出异常鼻塞音，并常打喷嚏。病兔常用前爪搔抓外鼻孔，鼻部与前爪的被毛潮湿并缠结，甚至脱落，上唇和鼻孔皮肤红肿、发炎。鼻孔有时堵塞或鼻孔周围形成结痂。常伴发化脓性结膜炎、角膜炎、中耳炎、皮下脓肿等。病程可长达1年，最后消瘦衰竭而死亡。

（3）地方流行性肺炎型　该病型多见于成年兔。病初精神沉郁，食欲不振，临床上难以见到明显的呼吸困难等肺炎症状，常因败血症而导致死亡。

（4）中耳炎型　又称斜颈症，是病菌感染蔓延到内耳和脑部的结果。病兔出现斜颈，严重的会向一侧转圈、翻滚，一直斜到抵住围栏侧壁为止，并反复发作。若鼓膜破裂，会有白色分泌物流出。若感染扩散到脑膜或脑侧，则可出现运动失调和其他的神经症状。病兔的饮水与采食受到严重影响，逐渐消瘦，最后衰竭死亡。

（5）结膜炎型　该病型多发生于幼兔，多为鼻炎引起鼻泪管阻塞而继发。急性期眼睑肿胀，结膜潮红，有脓性分泌物。表现为眼睛闭合，呈微闭状态。当炎症转为慢性时，红肿消退，但仍流泪不止。

（6）生殖器官感染型　该型主要表现为母兔子宫炎和子宫积脓，公兔睾丸炎和附睾炎。此病主要发生于成年兔，母兔的发生率高于公兔，交配是主要的传染途径。大部分表现为慢性经过。母兔表现阴道分泌物增多，流出浆液性、黏液性或脓性分泌物。急性表现为败血症死亡，慢性通常不显临床症状，不断排脓性分泌物，不孕。公兔睾丸有不平硬块，肿大坚硬，内有分泌物。阴囊肿大，尿道有淋漓分泌物。与其交配的母兔可能有阴道分泌物排出，发生急性死亡，同时受胎率降低。

（7）脓肿型　全身各部皮下都可发生脓肿。体表的脓肿易查出；内脏的脓肿不易检出，外表无症状，容易发生脓毒败血症死亡。

【病理剖检】

（1）败血症型　急性型，病兔鼻黏膜充血，鼻腔内有黏性脓性分泌物。喉、气管黏膜充血、出血，并有大量红色泡沫。肺脏充血、出血、水肿。心脏内、外膜充血，有出血斑点。肝脏变性，有灰白色点状坏死灶。淋巴结肿大、出血，肠道黏膜充血、出血，胸腹腔有淡黄色积液。亚急性型，病兔肺脏充血、出血，有些病例有脓肿。胸腔积液，胸膜和肺脏常有乳白色纤维素性渗出物附着。鼻腔和气管黏膜充血、出血，并有黏稠的分泌物。

（2）传染性鼻炎型　鼻黏膜发红、水肿，鼻窦和副鼻窦内充满白色浆液或脓性分泌物。

（3）地方流行性肺炎型　病变可发生于肺脏的任何部位，常见于肺脏的前下部，有实变、膨胀不全、脓肿、灰白色小结节病灶等，严重时肺叶可出现空洞。胸膜、肺脏、心包膜上有纤维素覆盖，有的病例胸腔内充满混浊的胸水。

（4）中耳炎型　一侧或两侧鼓室有奶油状脓性渗出物。鼓膜或鼓室腔内壁充血、增厚，有时鼓膜破裂，脓性渗出物流出外耳道。如果感染扩散到脑，可出现化脓性脑膜炎的病变。

（5）生殖器官感染型　母兔一侧或两侧子宫扩张。急性感染时，子宫仅轻度扩张，腔内有灰色水样渗出物。慢性感染时，子宫高度扩张，子宫壁变薄，呈淡黄褐色，子宫腔内充满黏稠的奶油样脓性渗出物，常附着在子宫内膜上。公兔则表现一侧或双侧睾丸肿大，质地坚实，有些病例伴有脓肿。

（6）脓肿型　脓肿内充满白色、黄褐色奶油样渗出液，随着病程的延长，有厚的结缔组织包围，与周围组织有明显的界线。

【诊断】根据流行病学资料、临床症状和病理变化特点，可作出初步判断。确诊需用病变部位组织涂片镜检，找到两极浓染的巴氏杆菌。必要时可进行细菌分离鉴定。对慢性病例和健康带菌者，可采取凝集试验、琼脂扩散试验、酶联免疫吸附试验、荧光抗体试验等血清学方法进行诊断。

【防治措施】建立无多杀性巴氏杆菌种兔群是防治本病的最好方法。可通过选择无鼻炎症状的兔，并连续进行鼻腔检菌的方法净化兔群。兔场要定期进行疫苗的免疫接种。在每年的发病季节前，可用兔巴氏杆菌氢氧化铝菌苗，兔病毒性出血症、巴氏杆菌二联苗，兔巴氏杆菌、波氏杆菌灭活油佐剂二联苗，兔瘟、巴氏杆菌病、魏氏梭菌病三联苗或巴氏杆菌病弱毒冻干苗等进行预防接种。

兔场应坚持自繁自养，对引入的种兔进行严格的检疫。新引进的兔必须隔离观察1个月，并进行细菌学和血清学检查，检查健康者方可引进兔场。平时加强饲养管理，改善卫生条件，加强兔舍通风换气，降低舍内氨气含量与湿度，提高獭兔抵抗力。发现本病应及时隔离治疗，进行严格消毒。死兔要深理或焚烧，兔舍、用具等可用1%～2%烧碱、10%～20%石灰水或3%来苏儿消毒。加强检疫，及时淘汰病兔，防止本病的蔓延和流行。同时严禁其他畜、禽进入兔场，杜绝病源的传播。对已污染的兔群，应立即采取检疫、隔离、消毒、淘汰病兔等措施，防止本病的蔓延和流行。

如确诊为兔巴氏杆菌病，应根据兔场生产实际情况及发病情况，制订可行的防治措施并实施。选用具有抑制杀灭巴氏杆菌的抗菌药物，并结合对症治疗，越早治疗效果越好。

①对急性病兔，可用兔巴氏杆菌高免血清或多双价血清进行皮下注射。6～12毫升/千克，10小时左右再重复注射1次。

②每只兔青霉素、链霉素各10万国际单位，肌内注射，2次/天，连用3～5天。

③磺胺嘧啶，0.1～0.2克/千克，2次/天，首次剂量加倍，连用5～7天。

④庆大霉素，2万国际单位/千克，肌内注射，2次/天，连续5天为一疗程。或用抗菌灵肌内注射，同时配以增效菌灵散或百病治混料。

⑤土霉素，20～40毫克/千克，穿心莲0.5克，酵母片0.5克，口服，2次/天，连用5～7天。

⑥鼻炎病例可将青霉素、链霉素各按照2国际单位/毫升配制滴鼻使用，2次/天，连用5～7天。有条件的兔场可

分离病原进行药敏试验，选用高敏药物防治，效果更佳。

⑦脓肿型病兔需进行外科治疗。切开成熟的脓肿排脓，用3%的过氧化氢、0.1%的新洁尔灭冲洗，再涂上消炎用药膏。

（二）波氏杆菌病

兔波氏杆菌病又名支气管败血波氏杆菌病，是由支气管败血波氏杆菌所引起的一种兔慢性呼吸道传染病。通常以慢性鼻炎、支气管肺炎及咽炎为主。

【发病特点】了解兔场发病情况及兔波氏杆菌疫苗接种情况。本病多发于春、秋两季，秋末、冬季、初春的寒冷季节为本病的流行期。波氏杆菌广泛分布于自然界，在兔群中的带菌率很高，常寄生在兔的呼吸道、患病兔的鼻腔和分泌物中，以及病变器官。任何使机体抵抗力下降的因素都能诱发本病，如气候骤变、饲养环境变化、灰尘和某些气体的刺激等。其主要传染途径为呼吸道传播。鼻炎型常呈地方性流行，而支气管肺炎型多呈散发性。成年兔发病较少，常为慢性，仔兔与青年兔发病率较高，多为急性。本病也可和巴氏杆菌病或李氏杆菌病并发。

【临床症状】

（1）鼻炎型　鼻孔流出浆液性或黏液性鼻漏，但一般不变为脓性。鼻腔黏膜充血，并附有浆液和黏液。病程较短，消除诱发因素后易康复。

（2）支气管肺炎型　较少见，呈慢性散发。病兔从鼻孔流出黏液性或脓性分泌物，长期不愈，如鼻孔形成堵塞性痂皮，则引起呼吸困难、张口呼吸，常呈犬坐姿势。食欲减退，逐渐消瘦。病程可达2个月死亡，也有经数月不死的。

仔兔多呈急性经过，初期表现鼻炎症状，呼吸困难，迅速死亡，病程2～3天。

【病理剖检】

（1）鼻炎型　鼻黏膜潮红，附有浆液性或黏液性分泌物，鼻甲骨变形。

（2）支气管肺炎型　支气管黏膜充血、出血，管腔内充满黏液性或脓性分泌物。肺脏表面有凹凸不平，灰白色，小如粟粒、大如乒乓球大小，数量不等的脓肿，外有致密包膜，内积奶油状黏稠脓液。肺组织大面积出血、坏死及间质水肿，有些病例在肝脏表面形成如黄豆至蚕豆大的脓疱。有时胸腔浆膜及肾脏等也出现脓肿。此外尚可见化脓性胸膜炎、心包炎。

【诊断】根据流行特点、临床症状和病理变化，特别是肺脏脓肿，可初步诊断。由于兔呼吸道感染的病原比较复杂，并存在混合感染，所以，必须通过实验室检查（细菌学检查、血清平板凝集试验、琼脂扩散试验、荧光抗体试验等）才能确诊。

【防治措施】

（1）坚持自繁自养　尽量不从外地引种，需引进种兔时，应做好检疫工作，把好传染关，隔离观察1个月以上，并进行细菌学、血清学检查，阴性者方可入群。

（2）加强饲养管理　注意清洁卫生，做好日常兽医卫生防疫工作，兔舍要保证通风良好，保持适宜的温度和湿度。对舍内的工具、兔笼、工作服等定期消毒。定期杀虫、灭鼠，淘汰病兔及阳性兔。消除一切不良的外界环境刺激，提高獭兔的抵抗力。

（3）科学免疫　应定期给兔免疫注射疫苗。常发病或邻近发病区域，可用兔波氏杆菌灭活苗皮下或肌内注射，7天后产生免疫力，免疫期为4～6个月，每年注射2次。还可用兔巴氏杆菌、波氏杆菌灭活油佐剂二联苗进行免疫接种。

（4）定期检疫　对兔场要经常进行检疫，淘汰阳性兔，以净化兔群。及时检出有鼻炎症状的可疑兔，给予治疗或淘汰。兔舍、兔笼、用具可用5%甲醛溶液进行消毒。对已污染的兔群，应立即采取检疫、隔离、消毒、淘汰病兔等措施，防止本病的蔓延。

选用具有抑制杀灭波氏杆菌的抗菌药物，并结合对症治疗，提高治疗效果。

卡那霉素：10～30毫克/千克，2次/天，连用3～4天，肌内注射。

庆大霉素：1万～2万国际单位，2次/天，连用3～4天，肌内注射。

链霉素：1万～2万国际单位/千克，2次/天，连用3～4天，肌内注射。

磺胺嘧啶：50～200毫克/千克，2次/天，连用5天，肌内注射。

酞酰磺胺噻唑：200～300毫克/千克，2次/天，连用5天，口服。

青霉素：80万国际单位加蒸馏水5毫升稀释后，加3%麻黄碱1毫升滴鼻，3次/天。

（三）大肠杆菌病

兔大肠杆菌病又名黏液性肠炎，是由一定血清型的致病性大肠杆菌及其毒素引起的一种发病率高、死亡率高的消化道疾病。新生和幼龄仔兔易感染，以发生严重腹泻、肠毒血症、败血症为主。兔场一旦发生该病，常因场地和兔笼的污染而引起大流行，造成仔兔大批死亡，给养兔业带来巨大损失。

【发病特点】了解兔场发病情况及兔大肠杆菌疫苗免疫接种情况。本病一年四季均可发生，冬春多发，各种年龄和性别都有易感性，但主要发生于 20 日龄至 4 月龄仔兔。其中以 20 日龄到断奶前后仔兔发病率最高。第一胎仔兔发病率、死亡率均高于其他胎次仔兔。

大肠杆菌分布广泛，是兔肠道内的常在菌，一般不引起发病。带菌动物通过排泄物、分泌物排出菌体，污染笼舍、饲料、饮水、场地和用具等而传播，构成主要的传染源。当气候条件突变、饲养管理不当或患有某些传染病和寄生虫病引起仔兔抵抗力降低，以及肠道菌群失调时，原来的常在菌便迅速繁殖，毒力增强，导致内源性感染。主要传播途径是消化道。

【临床症状】潜伏期 4～6 天，临床以下痢和流涎为主。病兔体温一般正常或低于正常，精神沉郁，被毛粗乱，食欲减少。由于脱水，以致体重很快减轻、消瘦。腹部膨胀，剧烈腹泻，初为黄色软粪，后转为棕色粥样稀粪。病程稍长者，粪便细小，两头尖或成串，外包透明胶冻状黏液。肛门周围、后肢等部皮毛常因腹泻而被粪便污染。病兔脱水消瘦严重。最急性病例不见任何症状即突然死亡。急性者病程很短，常于 1～2 天内死亡，很少能康复。随病程的延长，病兔四肢发凉，磨牙，流涎，最终脱水和衰竭，一般经 7～8 天死亡。该病的死亡率很高。

【病理剖检】病变主要在消化道，主要病变是卡他性和出血性肠炎。胃膨大，充满多量液体和气体。十二指肠通常充满气体。空肠扩张，肠腔内充满着半透明胶冻样液体。回肠内容物呈黏液胶样半固体，粪球细长，两头尖呈鼠便样，外面包有一层灰白色胶冻样黏液。结肠扩张，有透明样黏液。回肠、结肠的病变具有典型性。部分的盲肠、直肠内也有胶冻样液体。胃、肠黏膜充血、出血、水肿。胆囊扩张，浆膜水肿。肝脏及心脏有小点状坏死灶。若出现败血症，可见肺部充血、瘀血，局部肺实变。仔兔胸腔有灰白色液体，肺实变，纤维素性渗出，胸膜与肺粘连。

【诊断】根据下痢、流涎，回肠、结肠的典型性病变等，结合临床症状、病理变化和流行特点，可作出初步诊断。确诊必须进行细菌性检查。用麦康凯培养基从结肠和盲肠内容物分离到纯大肠杆菌也可进行动物试验、生化试验，必要时进行血清型的鉴定。但要与球虫病进行鉴别诊断。

【防治措施】

本病与饲料和卫生有直接关系，所以预防本病应加强饲养管理，减少应激因素，搞好兔舍卫生，提高獭兔的抵抗力。坚持进行环境、场地、用具的消毒，保证饲料和饮水的干净卫生。青绿饲料要洗净再喂，不喂霉烂变质饲料。要注意消除发病诱因，断奶前后饲料应逐步加量和改变，不能骤然改变。在其饲料中可加入一定的助消化药物（酶制剂），或加入一定量的微生态制剂，连用5～7天。

发现病兔应立即隔离治疗或淘汰，死兔应焚烧深埋。兔舍、兔笼和用具用0.1%新洁尔灭、2%的烧碱溶液，或用20%的石灰水消毒。常发本病的兔场，可用本场分离的大肠杆菌制成灭活苗预防，20～30日龄的小兔每只肌内注射1毫升，可有效控制本病的发生。

庆大霉素、卡那霉素、头孢菌素等是有效的抗菌药物，同时要结合补液及电解质疗法，可用口服补液盐溶液（配制遵照药品说明书）任病兔自由饮用。如病兔已无饮欲，可用葡萄糖生理盐水腹腔注射20～50毫升/次，1～2次/天。可选用补液、收敛等药物防止脱水，减轻症状。使用抗菌药物1～2小时后用微生态制剂饮水；或用促菌生内服，1片/千克，3次/天，疗效很好。

（四）魏氏梭菌病

兔魏氏梭菌病又名产气荚膜梭菌病、兔魏氏梭菌性肠炎，是由A型产气荚膜梭状芽孢杆菌分泌的外毒素引起的兔的一种急性消化道传染病。以急性剧烈腹泻和迅速死亡为主，其发病率达90%，死亡率高达100%。

【发病特点】了解兔场发病情况及魏氏梭菌灭活菌苗免疫接种情况。本病一年四季都可发生，以冬、春两季最为常见。即使是在饲养管理条件较好的兔场也有本病的发生。除哺乳仔兔外，不同年龄、品种、性别的兔对本病均有易感性，其中毛用兔，尤其是獭兔最易感染，1～3月龄仔兔发病率最高，并且死亡率高。病原菌在自然界分布广泛，存在于土壤、饲料、蔬菜、污水、动物的乳汁、肠管和粪便中。病兔、带菌兔及其排泄物，含有病原菌的土壤和水源是本病主要的传染源。传播途径为消化道。许多诱发因素如长途运输、饲养管理不当、粗纤维含量低、饲料突然更换、饲喂高蛋白成分的饲料、饲喂劣质鱼粉、长期或大量饲喂抗生素或磺胺类药物，以及气候骤变等，均可诱发本病。

【临床症状】本病发病急，主要症状为急剧下痢。由腹泻所致的脱水、电解质平衡紊乱和肠毒血症是病兔全身状态恶化的主要因素。最急性或急性病例，常突然死亡，不表现任何症状。亚急性经过时以急剧下痢为主，开始时爱蹲伏，弓背蜷缩，精神沉郁，食欲废绝，很快出现腹泻症状。最初排灰色软便，并带有胶冻样黏状物，随后出现黄褐色水样腹泻，乃至出现水泻，有特殊的腥臭味，臀部和后腿有粪便污染，腹部外观胀满，有的病例粪便中带血。病兔迅速衰竭，卧地不起，如将其提起，会从肛门流出黄色粪水。病兔体温在 37 ℃以下，一般出现水泻后 1～2 天死亡，少数可拖至 5～7 天死亡。

【病理剖检】急性病例尸体外观无明显消瘦，肛门附近及后肢被毛被粪便污染，多呈黑褐色或污绿色。病程长者由于脱水可见眼球下陷、尸体消瘦、脱水。剖检腹腔可嗅到特殊的腥臭味。胃内多充满食糜，胃底部黏膜脱落，出现大小不一的溃疡。小肠充满胶冻样液体，有时混有大量气体，肠壁变薄呈透明状。盲肠和结肠内积有大量气体和黑绿色水样粪，肠壁有弥漫性充血或出血。肝脏质脆。脾呈深黑色。膀胱内多数有茶色尿液。心脏表面血管怒张，呈树枝状。

【诊断】根据本病的流行特点、下痢和水泻等症状及剖检时消化道的特殊病变可作出初步诊断。确诊需要通过实验室病菌分离鉴定及血清学检查。目前常用的方法有抹片镜检、毒素分离鉴定、毒素中和试验、凝集试验、对流免疫电泳及酶联免疫吸附试验等。

【防治措施】

①加强饲养管理，消除发病原因，适当增加粗纤维含量，经常供给青饲料，少喂高蛋白饲料和谷类饲料，以维持肠道中的正常菌群。不可滥用抗生素。尽量减少应激，搞好环境卫生。

②坚持自繁自养，严禁从疫区引种，引入种兔时应隔离

观察 1 个月，只有健康兔才能混群饲养。

发现病兔及时隔离、淘汰，兔舍、兔笼、用具用 3%热碱水消毒，尸体、排泄物和垫草要焚烧深埋，并紧急预防注射疫苗及对症治疗。受威胁的兔，可用魏氏梭菌灭活菌苗进行预防接种，首次免疫皮下注射 1 毫升，间隔 8～14 天，再注射 1 毫升；未断奶的乳兔也可使用，但断奶后应再注射一次。注射后 21 天可产生免疫力，免疫期为 6 个月，可起到很好的预防效果。还可用兔巴氏杆菌、魏氏梭菌二联苗，兔瘟、巴氏杆菌、魏氏梭菌三联苗进行接种。用金霉素按 40 毫克/千克拌料，连喂 5 天，也可预防本病。

本病尚无有效的治疗药物。对发病兔可使用抗 A 型魏氏梭菌高免血清进行紧急治疗，病兔皮下注射高免血清 0.5～1 毫升，经 5～10 分钟，再用 5 毫升高免血清、5%的葡萄糖生理盐 10～15 毫升，静脉注射，2 次/天，连用 2 天。同时配合以下药物治疗，可显著提高疗效：①卡那霉素，20～40 毫克/千克，肌内注射，2 次/天，连用 3 天。②红霉素，20～30 毫克/千克，肌内注射，2 次/天，连用 3 天。③调整肠胃功能，可用食母生、鞣酸蛋白口服。④使用抗菌药物 1～2 小时后用微生态制剂饮水，或不使用抗菌药物直接使用微生态制剂饮水也有很好疗效。

（五）沙门氏菌病

兔沙门氏菌病，又名兔副伤寒，是由鼠伤寒沙门氏菌和肠炎沙门氏菌引起的兔的一种消化道传染病，以发生败血症、急性死亡、腹泻和流产为主。主要侵害妊娠 25 天以上的母兔，临床表现为腹泻和流产，并因败血症而迅速死亡。

【发病特点】了解兔场发病情况。本病一年四季均可流行，尤其是晚秋和早春更为普遍。本病传染性比较强，不分年龄、性别和品种都会发病，但以断奶幼兔和妊娠母兔最易感，尤其是妊娠25天后的母兔，其他兔很少发病死亡。伤寒沙门氏菌和肠炎沙门氏菌具有广泛的宿主范围，可寄生在多种哺乳动物体内。病兔是最主要的传染源，病原菌由带菌动物和患病动物的粪便排出体外。本病感染方式主要有两种：①外源性感染，因食入污染本菌的饲料、饮水等而经消化道传播。②内源性感染，当各种原因导致兔体抵抗力下降时，寄生在兔体内的沙门氏菌乘机大量繁殖，增强毒力而引起发病。幼兔也可经子宫和脐带感染。

【临床症状】本病潜伏期3～5天，分为最急性型和急性型。

(1) 最急性型　病兔常不表现任何症状而突然死亡。

(2) 急性型　精神沉郁，体温升高，食欲废绝，渴欲增加。腹泻，粪便稀、有黏性、内含泡沫，身体消瘦，3～5天死亡。多数病兔在妊娠后1个月前后从阴道排出黏、脓性分泌物，阴道黏膜潮红、水肿，流产，常于流产后死亡，康复兔也不能再受孕。流产胎儿体弱，皮下水肿，很快死亡。哺乳仔兔常由带菌母兔传染而突然死亡。

【病理剖检】

(1) 最急性型　胸膜、腹膜的浆膜面有小点出血，胸腔、腹腔积液，内脏器官充血。

(2) 急性型　可见肠黏膜充血、出血，黏膜下层水肿，局部坏死形成溃疡，溃疡表面附着淡黄色纤维素坏死物，肠系膜淋巴结肿大。肝脏有弥漫性或散在性淡黄色针头至芝麻粒大的坏死灶。胆囊肿大，充满胆汁。脾肿大，呈暗红或蓝紫色。肾脏肿大，有散在出血点。流产病兔的子宫粗大，子宫腔内有脓性渗出物，子宫壁增厚，浆膜、黏膜充血，未流产病兔的子宫内有木乃伊或液化的胎儿。阴道黏膜充血，表面有脓性分泌物，

【诊断】根据流行病学、临床症状、病理变化可以作出初步诊断。确诊需进行细菌学检查，可采集病兔的血液或病死兔的肝、脾及其他器官进行病原的分离鉴定，普查兔群的污染情况可进行玻片凝集试验。

【防治措施】

（1）搞好饲养管理和环境卫生，增强兔体抵抗力，消除兔场各种应激因素　严格执行兽医卫生制度，防止孕兔及幼兔与传染源接触。搞好饲料、饮水、垫料及兔舍的清洁卫生。防止野鸟、昆虫及啮齿动物进入兔场，以清除传播媒介。

（2）定期检疫　用鼠伤寒沙门氏菌诊断抗原普查兔群，淘汰感染兔，建立健康兔群。

（3）免疫接种　对怀孕初期母兔皮下或肌内注射鼠伤寒沙门氏菌灭活苗，每兔1毫升。疫区兔场每年2次免疫该菌苗。也可用本场病死兔的含毒脏器制成氢氧化铝佐剂灭活苗，皮下注射，以控制本病的流行。

发病兔要及时进行治疗或淘汰，同时对全场进行全面消毒。选用敏感抗菌药物进行治疗：①链霉素，3万～5万国际单位/千克，肌内注射，2次/天，连用3天。②磺胺二甲基嘧啶，0.1～0.2克/千克，口服，1次/天，连用3～5天。③土霉素，20～25毫克/千克，口服，2次/天，连用3天。④大蒜汁，取洗净的大蒜充分捣烂，1份大蒜加5份清水制成蒜汁，5毫升/次，口服，3次/天，连用5～7天，或直接内服大蒜捣成的蒜泥。此外，同时口服酵母片、补液盐及收

敛剂促进消化机能的恢复，保护肠黏膜，防止脱水。脱水严重兔应进行腹腔或静脉补液，增强机体抵抗力，促进痊愈。

（六）葡萄球菌病

兔葡萄球菌病是由金黄色葡萄球菌引起的家兔和野兔的一种常见传染病。主要表现致死性脓毒败血症和体内任一器官或组织的化脓性炎症。在幼兔称为脓毒败血症，在成年兔称为转移脓毒血症。可引起成年兔和大体型兔“脚板疮”、外生殖器官炎症、哺乳母兔乳房炎及初生兔引起急性肠炎。

【流行病学】了解兔场发病情况以及经兔葡萄球菌疫苗免疫接种情况。本病的病原为金黄色葡萄球菌，该菌广泛分布于自然界中，在正常情况下一般不能致病，但当皮肤、黏膜有损伤或机体抵抗力降低时可引起发病。各年龄和性别的兔都易感染，可经呼吸道、消化道及损伤的皮肤黏膜等感染。本菌通常成为其他传染病继发或混合感染的病原菌。

【临床症状】潜伏期 2～5 天，根据病原菌侵入途径和扩散范围不同，表现各种类型。

（1）转移性脓毒败血症　在皮下或肌肉、内脏器官内形成一个或几个脓肿，触诊柔软而有弹性。脓肿的大小不一，一般由豌豆粒大至鸡蛋大小。当内脏器官形成脓肿时，其功能相应受到影响，病兔精神和食欲不受影响。皮下脓肿经 1～2 月自行破溃，流出浓稠、乳白色乳酪状或乳油样的脓液，伤口经久不愈。由伤口流出的脓液沾污并刺激皮肤，引起家兔搔痒而损伤皮肤。脓液中的葡萄球菌又侵入抓伤处，或通过血流转移到别的部位形成新的脓肿。在脓肿转移过程中如发生全身性感染，即因败血症而迅速死亡。

（2）化脓性脚皮炎　绝大多数发生于后肢脚掌心。病初表皮充血、发红、稍肿胀，部分脱毛，继而出现脓肿，形成大小不一、经久不愈的出血性溃疡面和褐色脓性结痂皮，并不断排出脓液。病兔食欲日益减少，精神委顿，消瘦，弓背，不愿走动，小心换腿休息，跛行。

（3）乳房炎　多出现于分娩后的最初几日内。初期乳房皮肤局部红肿，敏感，皮温升高，乳汁中混有脓液、凝乳块，甚至有血液。继而皮肤呈蓝紫色，并迅速蔓延至所有乳区和腹部皮肤。乳房实质内形成大小不一、界限分明、坚硬的结节，以后软化变为脓肿。患兔体温升高至 40 ℃以上，精神委顿，食欲下降或停食，饮水量增加，发病后 2～3 天死亡。

（4）外生殖器官炎症　母兔的阴户周围和阴道溃烂，形成溃疡面，形状如花椰菜样。溃疡面呈深红色，部分呈棕色结痂。有少量淡黄色黏性、黏液脓性分泌物。还有的阴户周围和阴道有大小不一的脓肿，从阴道内可挤出黄白色黏稠脓液。患病公兔包皮有小脓肿、溃烂或结痂。

（5）仔兔脓毒败血症　仔兔生后 2～6 天在颌下、颈、胸部、腹部和腿部内侧的皮肤引起炎症，表皮上出现粟粒大白色的脓疱，多数于 2～5 天内呈败血症死亡。较大的乳兔（10～21 天）可在上述部位皮肤上出现黄豆至蚕豆大白色脓疱，高出于表皮，最后消瘦死亡。耐过患兔，脓疱慢慢变干、消失而痊愈。

（6）乳兔急性肠炎　又称仔兔黄尿病，病兔以急性肠炎为主，一般同窝仔兔全部发生，肛门周围和四肢被毛潮湿、腥臭。患兔昏睡，停止吸乳，全身发软，病程 2～3 天，死亡率极高。

【病理剖检】

（1）转移性脓毒败血症　病兔和死兔的皮下、内脏组织、睾丸和关节等处有脓肿。内脏脓肿常有结缔组织构成包膜，脓汁呈乳白色乳油状。有些病例引起骨膜炎、心包炎和胸膜炎。

（2）化脓性脚皮炎　患部皮下有较多乳白色乳油状脓液。

（3）乳房炎　全部乳腺呈紫红色结缔组织，质地较硬，无脓性分泌物，乳腺内无乳汁分泌。

（4）外生殖器官炎症　脾脏呈草黄色，质脆；肝脏质脆；膀胱内积有多量的脓液，阴道内充血并积有白色黏稠的脓液。

（5）仔兔脓毒败血症　患部皮肤和皮下出现小脓疱，脓汁呈乳白色乳油状，多数病例肺脏和心脏上有很多白色小脓疱。

（6）乳兔急性肠炎　患兔肠黏膜充血、出血，肠腔充满黏液。膀胱极度扩张并充满尿液。

【诊断】根据皮下和肌肉的化脓性炎症可作出初步判断。但内脏器官的化脓灶易与多杀性巴氏杆菌病和支气管败血波氏杆菌病混淆。确诊需进行细菌学检查。

【预防】葡萄球菌病多由卫生不良和机械损伤引起。因此，应搞好环境卫生，保持场地、用具的清洁。消除舍内，特别是笼内的一切锋利物品，以免发生创伤。笼饲时避免拥挤，并把喜欢咬斗的兔子从兔群中分出，防止互相咬斗。产仔箱内要用柔软、干燥、清洁的垫草，以免新生仔兔的皮肤擦伤。仔细观察母兔的乳汁是否充足，若乳汁过少，乳头则容易被仔兔咬破而发生感染；若乳汁过多，而仔兔又不能充分吮吸，则易引发乳腺炎。预防乳腺炎，可在母兔产仔后每天喂服 1 片（分 2 次）复方新诺明，连续 3 天。产后最初几天可减少精料的喂量，防止乳腺分泌过盛。脚皮炎型应在选种上下功夫，选脚毛丰厚的留种。笼底踏板材料对于脚皮炎有直接关系，平整的竹板比铁丝网效果好。对于大型品种，可在笼内放一块大小适中的木板，对于缓解本病有较好效果。

【控制措施】在经常发病的兔场，可分离金黄色葡萄球菌制成灭活苗，对兔群进行免疫接种，也可使用抗生素作预防性给药。由于某些菌株产生了抗药性，所以药物治疗前最好先进行药敏试验，筛选敏感药物。

母兔乳腺炎可用青霉素肌内注射，10 万国际单位/次，2 次/天。严重患兔可用 2%普鲁卡因 2 毫升，加注射用水 8 毫升，稀释 10 万～20 万国际单位的青霉素，进行乳房密封皮下注射。已形成脓肿的，可切开排脓，用双氧水冲洗，最后涂一些抗菌消炎药物。脚皮炎型目前没有好的治疗方法，应以保护为主，同时结合抗菌药物外用。严重者，可肌内注射青霉素。对于轻症黄尿病患兔，可往口腔滴注庆大霉素，3～4 次/天。对化脓创、脓肿、皮肤坏死等局部治疗，按外科常规处理，涂擦的药物以 5%龙胆紫酒精溶液、3%石炭酸溶液、碘酊、青霉素软膏等效果较好。全身感染时，应选用卡那霉素、红霉素、庆大霉素及新霉素等进行全身治疗。

（七）李氏杆菌病

李氏杆菌病是由李氏杆菌引起的一种兔的散发性传染病，侵害多种动物和人。由于病兔的单核细胞增多，又称为单核细胞增多症。病兔的头常偏向一侧，所以本病也称为歪头疯。病兔主要表现为突然发病，死亡，流产和脑膜炎。本病呈散发性，发病率低，但死亡率高。

【流行病学调查】通过询问了解兔场发病情况。本病的易感动物很广泛，幼兔和妊娠母兔的易感性较高，常为散发性，偶尔呈地方性流行，不广泛传播，发病率较低，但病死率很高。患病动物和带菌动物是本病的传染源。啮齿动物特别是鼠类是本菌的贮存宿主。本菌经由传染源的分泌物和排泄物排出体外。可经消化道、呼吸道传播，也可经眼结膜、皮肤伤口、交配或吸血昆虫传播。营养不良、怀孕、天气剧变等应激因素常成为本病的诱因。

【临床症状】兔李氏杆菌病潜伏期为 2～8 天，可表现为以下几种类型。

（1）急性型　最常见于幼兔，一般表现精神沉郁、衰弱、食欲废绝，体温超过 40 ℃，常发现结膜炎和鼻腔流出浆液性与黏液性分泌物。经过几小时或 2～3 天后死亡。

（2）亚急性型　主要表现为子宫炎和脑膜脑炎：①子宫炎。传播迅速，母兔分娩前几日精神不振，拒绝采食，很快消瘦，从阴道内流出暗红色或棕褐色液体。分娩前一两日，病兔流产或死亡，耐过母兔会变成不孕。②脑膜炎。个别兔呈现这种类型，头弯曲，失去采食和行动能力。试图行动时，就会接连翻滚，逐步消瘦而死。

（3）慢性型　一般只有个别兔患慢性子宫内膜炎、脑膜脑炎。经过与亚急性型一样，但病程能达 6～8 个月之久。

【病理剖检】最急性型病例，除内脏器官充血和散在性出血外，无特殊变化。急性型病例，可见颈部和肠系膜淋巴结增大和水肿，胸腔、心包腔和腹腔积液，皮下水肿和肺水肿。肝、脾存在弥散性的无数针尖大的淡灰色坏死灶。怀孕母兔可见化脓性子宫内膜炎和子宫蓄脓，子宫壁上有坏死区域，子宫壁增厚，子宫内可能存在未被吸收的变性胎儿。

【诊断】该病单纯根据症状和病变不易作出诊断。如果病兔出现特殊的神经症状、孕兔流产、血液中单核细胞增多，可作为诊断的参考。确诊则必须进行微生物学检查，在病兔死前采集血液、脑脊液和阴道渗出物，死后从血液、内脏器官和脑采样。

【预防】本病多呈散发性，目前尚无有效的防治方法。应严格执行兽医卫生制度，搞好环境卫生，消灭老鼠。由于此病可传染人，且危害较大，因此发现病兔应立即隔离治疗或淘汰，并对兔笼、用具及场地全面消毒，对死亡兔深埋或烧毁，并应注意防止人被感染。

【控制措施】早期应用大剂量抗生素可以治愈，但对出现神经症状病兔疗效不好。磺胺嘧啶 0.3 克/千克，青霉素 10 万国际单位/只，同时分别肌内注射，2 次/天，连用 3～5 天。青霉素、链霉素各 10 万国际单位联合肌内注射，2 次/天，连用 3～5 天。新霉素或青霉素 2 万～4 万国际单位/只，混饲喂服，3 次/天，能有效地控制本病。

（八）兔病毒性出血症（兔瘟）

兔病毒性出血症俗称“兔瘟”，该病流行早期也被称为兔坏死性肝炎、兔致死性病、兔小 RNA 病毒出血热、兔出血性败血综合征等，是由兔病毒性出血症病毒引起兔的一种急性、热性、高度接触性、高度致死性传染病。

【发病特点】通过询问，了解兔场发病情况以及病毒性出血症疫苗免疫接种情况，检测兔群的抗体水平。

该病发生无明显季节性，北方一般以冬、春寒冷季节多发。一般疫区的平均病死率在 80%左右。不同品种和性别的兔均可感染发病，2 月龄以上的青年兔和成年兔最易感，

2月龄以内的仔兔感染一般发病较少。病兔、隐性感染兔和康复兔为主要传染源。

【临床症状】自然感染潜伏期2～3天，根据症状分为最急性、急性和慢性3个型。

（1）最急性型　多见于流行初期。突然发病，迅速死亡，几乎无明显症状。一般在感染后10～12小时，体温升高到41℃，稽留6～8小时，病兔未表现任何症状即突然倒地、抽搐、惨叫而死。死亡时两鼻孔流出血样的泡沫或鲜血。

（2）急性型　多见于流行中期。感染后24～40小时，病兔体温升高到41℃以上，精神沉郁，食欲不振或废绝，饮欲增加，皮毛无光泽，迅速消瘦。数小时后体温急剧下降，呼吸急促，可视黏膜发绀，两耳潮红甚至发紫。部分病兔腹部臌胀、便秘，有的腹泻、排血尿，于出现症状后1～2天死亡。临死前病兔表现短期兴奋、狂奔、惊跃、咬笼架，继而前肢俯伏，后肢支起，全身颤抖，倒地抽搐，四肢不断划动，角弓反张并发出悲惨的尖叫而死亡。少数病例因鼻腔外伤而出血。

以上两型绝大多数发生在青年兔和成年兔。病兔死前肛门常松弛，肛门四周被毛和粪球上附有少量淡黄色黏液。

（3）亚急性型　多见于老疫区或流行后期，2月龄以内的幼兔、疫苗免疫兔和老龄兔多发此类型。病兔体温升高到40℃左右，精神沉郁，食欲减退，被毛杂乱无光泽，迅速消瘦。多预后不良，康复兔带毒，可随粪便排毒至少1个月。

【病理剖检】对具有代表性的可疑病兔或病死兔进行病理剖检，病死兔外观呈角弓反张状，鼻孔流出鲜红色分泌物，肛门周围有淡黄色黏液，肛门中常夹有半排出的硬粪粒。脏器病变主要表现为广泛性实质器官和管腔器官的瘀血、出血、水肿和坏死。鼻腔、喉头和气管黏膜有小点状或弥漫性出血，气管内充满大量的白色或淡红色带血泡沫状液体。肺有不同程度充血、出血，一侧或两侧水肿，有数量不等、大小不一的散在或成片的出血斑点，切开肺叶流出多量红色泡沫状液体。肝瘀血、肿大，有出血点或出血斑，呈淡黄色或土黄色，肝脏表面有灰白色坏死灶、质脆，切开可见暗红色区与土黄色变性区间杂而呈"槟榔状"。胆囊胀大、充满稀薄胆汁。脾脏高度瘀血、肿大、质脆、呈紫黑色。肾脏瘀血、肿大、呈暗紫色，表面有散在针尖大小出血点。膀胱充盈，内有黄褐色较浓稠的尿液。十二指肠和空肠黏膜有点状出血。肠系膜淋巴结肿大，有针尖大出血点。脑和脑膜血管瘀血。

【诊断】根据传染性极强，呼吸系统出血，实质器官水肿、瘀血、坏死及出血性变化和感染兔年龄较大等流行特点，结合临床症状及病理变化可作出初步诊断。确诊应采取病死兔的肝脏、肾脏和淋巴结等材料进行动物接种、病毒学检查及血清学试验。血凝和血凝抑制试验是目前最常用的血清学诊断方法。此外，间接血凝试验、琼脂扩散试验、ELISA 及荧光抗体等试验对本病也有诊断价值。

【防治措施】目前，最有效的预防措施是定期预防接种病毒性出血症灭活苗。仔兔 35～40 日龄首免，55～60 日龄加强免疫，以后每隔 4 个月免疫 1 次，剂量 1 毫升/只。注射后 4 天即能产生高滴度的内源性干扰素阻止病毒复制；注射后 7～10 天产生免疫力。

坚持自繁自养，不从疫区购买种兔，认真执行兽医卫生防疫措施，定期消毒，禁止外人进入兔场，更不准兔毛、皮商贩进入兔舍购兔、剪毛、取皮。引进种兔要严格检疫，并需隔离饲养观察至少2周，无病时方可入群饲养。加强对兔群的饲养管理，提高兔群抗病力，保持兔舍的清洁卫生，并定期对兔舍、兔笼、用具及周围环境进行消毒。

该病目前尚无特效药物治疗。封锁疫点，暂时停止种兔调剂，关闭兔及兔产品交易市场。疫群中假定健康和可疑感染兔进行紧急接种疫苗。病兔以不放血的方式扑杀，尸体和病死兔深埋。

（九）兔传染性水疱口炎

兔传染性水疱口炎是由水疱性口炎病毒引起的兔的一种急性传染病。本病常在养兔场内广泛流行。主要表现口腔黏膜发生水疱性炎症并大量流涎，故又称“流涎病”。

【流行病学调查】通过询问了解兔场发病情况。该病多发于夏、秋两季，主要危害3月龄以内的幼兔，尤其是断乳1～2周的幼兔，成年兔感染较少。病兔是主要传染源，口腔分泌物及坏死黏膜内含有大量病毒，随被污染的饲料或饮水，经唇、舌、齿龈和口腔黏膜侵入健康兔体内，通过直接接触和间接接触的方式而传播。吸血昆虫的叮咬也可以传播该病，饲喂霉烂变质、带有棘刺的饲料及口腔损伤等也可诱发该病。

【诊断】该病潜伏期5～7天，发病初期口腔黏膜潮红、充血。随后，唇舌和口腔黏膜发炎，出现一层粟粒大至黄豆大小的白色小结节和小水疱，不久水疱糜烂形成烂斑和溃疡。同时有大量恶臭的唾液顺着口角流出，而使嘴、脸、颈、胸部被毛和前爪被唾液沾湿，引起局部发炎和脱毛。当口腔损伤严重时，病兔体温可升至 40～41 ℃。由于不断流涎，丧失了大量水分、黏液蛋白以及某些代谢产物，病兔精神沉郁，食欲不振或废绝，并常发生腹泻，日渐消瘦、衰弱，拖延 5～10 天后死亡。病死率常在 50%以上。

【病理剖检】对具有代表性的可疑病兔或病死兔进行病理剖检，剖检可见病兔尸体十分消瘦，舌、唇和口腔黏膜发炎，舌部和口腔黏膜有白色的小水疱，有的出现糜烂和溃疡。咽部有泡沫样口水聚集，唾液腺肿大、发红。胃扩张，充满黏稠的液体。肠黏膜常有卡他性炎症变化。有时外生殖器官可见到溃疡性病变。

【诊断】根据病兔舌部和口腔黏膜的小水疱、糜烂和溃疡，流涎等症状和病理变化，可以作出初步诊断。组织病理学观察肝细胞核内有病毒包含体，可以进一步确诊。同时，要排除念珠菌感染、兔痘、化学刺激、有毒植物和霉菌污染饲料引起的口炎。

【预防】创造良好的饲养管理条件，特别要注意春秋两季的卫生防疫措施。检查饲草质量，避免过于粗糙的饲草、芒刺、尖锐异物等损伤口腔黏膜。防止引进病兔，新引进的种兔必须隔离饲养观察 2 周以上，无异常方可混群。发现病兔时立即隔离，对兔舍、兔笼及用具用 0.5%过氧乙酸或 2%氢氧化钠溶液进行定期消毒。

【控制措施】该病目前尚无特效治疗方法，只有采取综合防治措施，对症治疗，防止继发感染。可内服磺胺二甲基嘧啶，0.1 克/千克，1 次/天，连用 5～10 天。口腔先用 0.2%高锰酸钾溶液冲洗，然后应用冰硼散或口腔溃疡散喷洒，再给予优质柔嫩易消化饲料，避免使用粗硬饲料，以免损伤口腔黏膜。

（十）兔痘

兔痘是由兔痘病毒感染引起的一种急性、烈性、高度接触性、致死性传染病。主要表现皮肤痘疹和鼻腔、结膜渗出液增加。

【流行病学调查】了解兔场发病情况以及兔痘疫苗免疫接种情况。本病在兔群中传播极为迅速，各种年龄獭兔均易感，但以4～12周龄幼兔和妊娠母兔致死率较高。病毒存在于病兔的肺、肝、脾、血液之中，在干燥的痂皮中能存活6～8周。病兔为主要传染源，其鼻腔分泌物中含有大量病毒，污染环境，通过呼吸道或消化道感染，也可通过皮肤、黏膜伤口和交配直接传染。病兔康复后无带病毒现象，康复兔可与易感兔安全交配，不发生再次感染。

【临床症状】本病潜伏期2～14天，新疫区短，老疫区长。最急性病例几乎不表现症状而死亡。在典型病例中，病初体温明显升高，达40.5～41.5℃，流鼻液，呼吸困难，极度衰弱和畏光。全身淋巴结，特别是腹股沟淋巴结肿大、坚硬。初期可见皮肤和口腔黏膜红斑性疹，而后发展成为丘疹或直径1厘米左右的结节，后干燥形成浅表的痂皮。皮肤的病变可能不规则地分布于全身，但最常见于耳部、唇部、眼睑部、躯干以及阴囊和阴唇的皮肤，也常见于肛门及其周围。

病兔大多伴有眼睛的损伤，患兔轻者出现眼睑炎和流泪，严重者发生化脓性眼炎或弥漫性、溃疡性角膜炎，最后发展成为角膜穿孔、虹膜炎和虹膜睫状体炎。有些病例眼的变化是唯一的临床症状。

有些病例出现神经症状，主要表现为运动失调、痉挛、眼球震颤、局部麻痹等。母兔伴发流产、死胎、泌乳停止等。

【病理剖检】对具有代表性的可疑病兔或病死兔进行病理剖检。病死兔皮下、口腔及其他天然孔的水肿是兔痘的常见病变。红斑和丘疹可分布于整个皮肤、鼻腔和口腔黏膜上。面部和口腔出现水肿，硬腭和齿龈常发生灶性坏死。重病兔皮肤可出血。在腹膜和网膜上出现灶性斑疹，心脏有灶性损害。肺脏有灰白色结节，呈弥漫性肺炎及灶性坏死。肝脏、脾脏肿大，呈黄色，有许多灰白色粟粒大的结节和小的坏死区。有的胆囊也有小结节。公兔睾丸发生明显水肿和坏死，阴囊水肿，包皮和尿道出现丘疹。母兔卵巢和子宫布满白色结节，子宫有时发生灶性脓肿，尿生殖道也出现丘疹、水肿和坏死，导致尿潴留。

【诊断】根据临床症状和病理变化不难作出初步诊断。确诊需进行病毒的分离鉴定、包含体检查、红细胞凝集试验、血清中和试验、琼脂扩散试验和红细胞凝集抑制试验等。荧光抗体检测也有助于本病的确诊。

【预防】坚持兽医卫生制度，严格做好防疫、消毒和隔离检疫工作，加强日常饲养管理。严禁引进病兔，发现病兔及时隔离处理，对受本病威胁的兔群用牛痘疫苗作紧急预防接种，防止传播。对病兔可试用利福平或中药治疗。

【控制措施】除一般性防制措施外，目前本病尚无有效的防制方法。发生本病的兔群可用牛痘疫苗进行紧急接种。对病兔可选用人的抗天花病毒新药进行尝试性治疗。

（十一）兔黏液瘤病

兔黏液瘤病是兔黏液瘤病毒引起的一种高度接触性、致死性传染病。主要表现全身皮下尤其是面部和天然孔、眼睑及耳根皮下发生黏液瘤性肿胀。该病在首次发病地区，发病率和死亡率都在 90%以上，给养兔业造成毁灭性的损失。世界动物卫生组织（OIE）将本病列为 B 类动物疫病，我国把其列为二类动物疫病。

【流行病学调查】本病有高度的宿主特异性，只发生于獭兔和野兔。各种年龄兔都易感，但成年兔比 1 月龄以上的幼兔更易感，公兔比母兔易感。新疫区易感兔的病死率可达 100%。病兔和带毒兔是主要传染源。病毒存在于病兔全身体液和脏器中，尤以眼垢和病变部皮肤渗出液中含量最高。病毒可通过呼吸道传播，但吸血昆虫的机械传递更为重要。本病发生有明显的季节性，夏秋季为发病高峰季节。

【临床症状】该病的临床症状因被感染兔的易感性、致病毒株的强弱有很大差异。潜伏期通常为 2～10 天，最长可达 14 天。临床表现为最急性和急性病例。

（1）*最急性型*　表现耳聋，体温升高至 42 ℃，眼睑水肿，随后出现脑机能低下症状，48 小时内死亡。

（2）*急性型*　在病毒侵入部位皮肤出现小的脓肿，经过 5～6 天结膜浮肿，眼睑水肿、下垂，鼻腔有黏液性分泌物，耳朵皮下水肿引起耳下垂。口、鼻孔周围和肛门、外生殖器官周围发炎与水肿。接着出现全身皮下组织黏液性水肿，头部皮下水肿，严重时呈“狮子头”状外观，故有“大头病”之称。随后浮肿部位出现皮下胶冻样肿瘤，在第 9～10 天出现皮肤出血。呼吸困难，摇头，喷鼻，发出呼噜声。少数活至 10 天以上的则出现脓性结膜炎、羞明流泪、耳根部水肿等症状，最后全身皮肤变硬，死前常出现惊厥，死亡率较高。

【病理剖检】对具有代表性的可疑病兔或病死兔进行病理剖检，最显著的病变是皮肤的肿瘤结节和皮下胶冻样浸润，特别是面部、天然孔周围皮肤和皮下充血、水肿，脓性结膜炎和鼻漏。有的毒株感染兔引起皮肤出血，胃肠浆膜下有出血点和瘀血斑，心内、外膜出血，肺脏肿大、充血，脾脏肿大，淋巴结肿大、出血，外生殖器官和阴唇部发炎。

【诊断】根据流行特点、典型的临床症状和病理变化，可作出初步诊断。确诊应采取病变组织触片或切片，用姬姆萨氏溶液染色，镜检可见到紫色的细胞质包含体。可选用兔肾脏、心脏细胞培养分离病毒，进行血清学诊断，常用的方法有补体结合试验、中和试验、琼脂扩散试验、酶联免疫吸附试验以及间接免疫荧光试验等。通常在感染后 8～13 天产生抗体，20～60 天时抗体滴度最高，然后逐渐下降，6～8 个月后消失。

【预防】我国尚未发现有该病，应加强国境检疫，严禁从有疫情的国家进口活兔和未经消毒、检疫的兔产品，以防本病传入。要坚持各项兽医卫生防疫制度，消灭吸血昆虫，定期进行消毒，有条件的地区可接种黏液瘤灭活疫苗，以控制本病的发生。

【控制措施】目前本病尚无有效的治疗方法。发生本病时，应坚决采取扑杀病兔、烧毁尸体、封锁现场、彻底消毒等措施。对假定健康群，立即用灭活疫苗进行紧急预防注射，以控制疫情蔓延。

（十二）兔轮状病毒病

兔轮状病毒感染是由兔轮状病毒引起的 30～60 日龄仔兔以脱水和水样腹泻为主要症状的传染病，感染率和发病率较高，有时可以造成很高的死亡率。

【流行病学调查】通过询问了解兔场发病情况。轮状病毒引起的腹泻一般在兔群中突然发生并迅速传播，主要侵害幼兔，尤其是刚断奶的仔兔，成年兔多呈隐性感染。仔兔发病后 2～3 天内脱水死亡，死亡率约 60%。病兔和带毒兔是主要传染源，病毒经粪便排出，有的为无症状带毒。本病的传播途径目前尚不清楚，一般认为以消化道传播为主。

在地方性流行的兔群中，通常呈散发性发生，往往发病率高，死亡率低。成年兔多呈隐性感染。在许多情况下，轮状病毒常与隐孢子虫、球虫、大肠杆菌、冠状病毒等肠道致病因子混合感染，往往造成更大的伤害。兔轮状病毒感染多发生于冬春两季，而夏季以隐性感染为主。气候骤变、饲养管理不当、卫生条件不良等因素常可诱发本病。

【临床症状】本病的潜伏期为 18～96 小时，日龄较小的仔兔感染后病情较重。病兔体温升高，出现严重腹泻，甚至死亡。一般表现为精神沉郁，结膜苍白，体温较低，消瘦和衰弱，呕吐和腹泻。在吃全奶的仔兔中，粪便常呈鲜明的黄色或白色，随着病程的延长，病兔出现蛋花样酸性或白色、棕色、灰色及浅绿色的水样粪便，有恶臭，有时出现黏液或血样腹泻。病兔最后因严重脱水和酸碱平衡失调，在腹泻后 2～4 天死亡。

【病理剖检】轮状病毒主要侵害小肠黏膜上皮细胞，引起细胞变性、坏死，黏膜脱落，使肠道的吸收功能发生紊乱，造成病兔脱水死亡。尸体剖检，小肠（特别是空肠、回肠）明显充血，黏膜有大小不一的出血斑点，绒毛萎缩，结肠瘀血，盲肠扩张，内有大量液体内容物。病程较长者，有眼球下陷等脱水表现。其他脏器无明显变化。

【诊断】对于初发兔群，根据兔群的发病率和死亡率，结合发病年龄、临床症状和病理变化，可作出临床诊断。由于兔感染轮状病毒后大多呈隐性感染，临床症状和病理变化均不太明显，且引起急性腹泻的病因较多，所以通过流行病学、临床症状和病理变化只能作出初步诊断。要确诊，需要借助实验室诊断的方法，即从粪便中检出兔轮状病毒与抗体，或从血清中检出抗体。可采用荧光抗体试验、电镜技术、酶联免疫吸附试验（ELISA）、中和试验等方法进行诊断。

【预防】本病毒的血清型太多，增加了预防接种的复杂性，目前尚无有效的疫苗。本病主要危害刚断奶的幼兔，主动免疫不可能在短时间内产生坚强的免疫力。因此，多采取母源抗体被动免疫。要特别注意加强刚断奶仔兔的饲养管理，建立严格的卫生制度。饲料配合要合理，饲料种类相对稳定，变换时要逐步过渡。保持兔舍温度、湿度的相对恒定。对于病兔要隔离治疗，可以通过补液补充体内的水、盐丢失，维持体液平衡，增强机体的抵抗力。由于该病主要经消化道传播，结合兔子食粪的习性，所以一定要及时清理粪便，预防该病发生。

【控制措施】目前，该病尚无有效的药物治疗措施，在实际生产中，主要采取综合预防和治疗的办法加以控制。平常应加强饲养管理，防止传染或并发感染其他疾病。一旦发病及早隔离病兔，并及时补液，添加抗菌药物防止继发感染，增强机体的抵抗力。

（十三）皮肤真菌病

寄生于动物的被毛与表皮、趾爪角质蛋白组织中的真菌所引起的各种皮肤病，统称为皮肤真菌病。兔皮肤真菌病也称为霉菌病，是由须毛癣菌或石膏样小孢子菌感染所致。其表现是在皮肤上出现圆形脱毛斑，皮肤出现小的结节、渗出或鳞屑、结痂等，动物表现瘙痒症状。有的病例在患该病1～3个月以后，在没有医治的情况下，其临床症状减轻或自愈。

【发病特点】通过询问了解兔场发病情况。皮肤真菌对外界因素的抵抗力极强，不同性别、年龄，品种的兔均易感染，但主要侵害仔兔和幼兔。本病除感染兔外，也感染各种畜禽、野生动物和人。一年四季均可发生，但以春季和秋季换毛季节多发。病兔和带菌兔是主要传染源。可通过吮乳、交配直接接触传播，或经被污染的土壤、饮水、饲料、用具等传染媒介传播。体外寄生虫，如虱、蚤、蝇、螨等在传播上有重要意义。兔舍拥挤、潮湿、卫生条件恶劣等可诱发本病。疾病的发生及其危害的程度，常取决于个体的素质。幼兔和体质较差的兔，其症状明显且较严重。患病动物康复后，对同种真菌病原具有一定的抵抗力，一般在相当长的时间内不再感染。

【临床症状】皮肤真菌感染通常起始于头部、口腔、鼻。因患部瘙痒，继而传播到爪和身体其他部位。患部皮肤形成边缘整齐的脱毛斑，露出淡红色皮肤，表面粗糙，见有灰色鳞屑。患部发生炎性变化，初期为红斑、丘疹、水疱，最后形成结痂，脱落后形成小的溃疡。病兔发痒，不安，食欲减退，消瘦，衰竭而死。如继发葡萄球菌或链球菌病，会使病情加重，引起死亡。如母兔带病原，仔兔吃奶后感染，在口、眼、鼻子周围形成红褐色结痂，成活率很低。

【诊断】根据流行病学和出现的圆形脱毛斑可作出初步

诊断，确诊需进行如下实验室诊断。

（1）伍氏灯检查　用伍氏灯或紫外线灯在暗室内照射病毛、皮屑或动物皮损区，凡出现绿黄色荧光的为小孢子菌感染，石膏样小孢子菌感染与须毛癣菌感染都看不到荧光。

（2）病原菌检验　从病变区边缘采集被毛或皮屑，放在载玻片上，滴加几滴10%～20%氢氧化钾溶液，在弱火焰上微热，待软化透明后，覆以盖玻片，用显微镜观察。小孢子菌呈梭状、壁厚、带刺、多分隔的孢子；石膏样小孢子菌呈椭圆形、壁薄、带刺、含有6个分隔的大分生孢子；须毛癣菌毛干外有呈链状的分生孢子。

（3）真菌培养　将病料接种在沙氏葡萄糖琼脂培养基上，28℃下培养，1～2周后有羊毛状菌丝形成，表面浅黄色绒毛状，中间有粉末状菌丝，背面呈橘黄色。石膏样小孢子菌落呈浅黄色到黄棕色，表面平坦呈颗粒状结构，背面呈浅黄色到黄棕色。

（4）动物接种　选择易感动物獭兔或青年白鼠，先将接种处皮肤被毛剪掉洗净，用砂纸轻轻擦，使局部皮肤擦至快出血时为止，再取病料抹在被擦的皮肤上作皮肤擦伤感染，几天以后就可以看到阳性反应，发炎、脱毛和结痂等病变。

【防治措施】对动物加强饲养管理，供给动物必需氨基酸和各种维生素、矿物质等，以增强动物的抗病能力。对已发病的动物应进行隔离治疗，对动物污染的环境及用具应进行消毒。

对皮肤真菌病患兔可采取下列方法治疗：

（1）外用药物疗法　选择刺激性小、对角质浸透力和抑制真菌作用强的药。如克霉唑软膏、咪康唑软膏和癣净等。局部涂抹，直至痊愈。

（2）*内服药物疗法*　对慢性重剧的皮肤真菌病，必须内服药物和外用药物同时治疗。灰黄霉素 30～40 毫克/千克，1 次/天，拌料饲喂，连用 4 周。酮康唑 3 毫克/千克，3 次/天，连用 2～8 周。

兔场一旦出现皮肤真菌病就很难控制，即便治愈，其经济损失也很大。因此，建议一旦发现皮肤真菌感染病兔应尽早淘汰，用火焰消毒笼具等，以根除传染源。

（十四）兔密螺旋体病

兔密螺旋体病是由兔密螺旋体引起的成年家兔的一种慢性传染病。临床表现为外生殖器官、面部、肛门部的皮肤及黏膜发生炎症、结节、溃疡，患部淋巴结发炎。本病是家兔的性传播疾病，称为兔梅毒。本病原不感染其他动物。

【流行病学调查】通过询问了解兔场发病情况。病原主要存在于病兔外生殖器官的病灶中，被污染的垫草、用具、饲料等都是传播媒介。兔密螺旋体通过交配经生殖道感染为主，所以发病兔绝大多数是成年兔，幼兔少见，育龄母兔比公兔易感。放养和群养兔发病率比笼养兔高。本病发病率高，但死亡率低，有时仅引起局部淋巴结感染，外表看似健康，但长期带菌成为危险的传染源。

【临床症状】本病潜伏期 5～30 天，长的可达 3 个月。病初可见公、母兔的外生殖器官和肛门周围发红、肿胀，并形成粟粒大的小结节。随后流出浆液性、脓性渗出物，病变部位变得湿润并形成棕色或紫色痂，剥去痂皮可露出溃疡面，创面湿润、稍凹下，边缘不整齐并易出血，周围组织水肿。有的病例在阴囊、鼻、眼睑、唇和爪等部位出现疣状物，并可长期存在。引起眼羞明、流泪，继而发生眼睑炎、化脓性眼炎或溃疡性角膜炎。口腔、鼻腔水肿、坏死以及生殖器官周围水肿。腹股沟淋巴结肿大。慢性感染部位多呈干燥鳞片状，稍有突起。神经系统受损伤时，很快出现运动失调，痉挛，眼球震颤，肌肉麻痹。非痘疱型，表现为食欲减退，发热，舌唇部黏膜有少量散在丘疹，有时发生结膜炎和腹泻，于感染后1周死亡。

本病一般无全身反应，病兔的精神、食欲等无明显变化。本病也可自然康复，但可重复感染。进展缓慢，可持续数月。母兔失去配种能力，受胎率下降，所生仔兔活力差，而患病公兔的交配能力一般不受影响。

【病理剖检】剖检可见皮肤、面部、口腔、上呼吸道及肝、脾、肺等器官出现丘疹结节，周围组织水肿或出血。心脏有灶性损害。肺脏布满灰白色小结节，呈弥漫性肺炎及灶性坏死。肝脏肿大，呈黄色，有许多灰白色结节和小坏死灶。脾脏肿大，有灶性结节和坏死区。睾丸水肿、坏死。子宫布满白色结节，有的发生灶性脓肿。肾上腺、甲状腺、胸腺和唾液腺都有坏死灶。

【诊断】根据病兔多为成年家兔，母兔受胎率低。临床检查无全身症状，仅在生殖器官等处有病变，根据这些临床表现可作出初步诊断。为了进一步确诊，可对病变部渗出物、刮下物的新鲜标本进行涂片，用姬姆萨氏染色，显微镜检查到兔密螺旋体即可确诊。

【预防】应坚持自繁自养和严格检疫，严防引进病兔。引入种兔应做好生殖器官检查，种兔无论是人工授精，还是自然交配，均要认真进行健康检查，发病兔场应停止配种。发现病兔及时隔离处理。

【控制措施】对污染的笼舍、用具用1%来苏儿溶液彻底消毒。对患兔用青霉素每千克体重 5 万国际单位，肌内注射，连用 5 天。患部用硼酸水、高锰酸钾溶液或肥皂水洗涤后，再涂擦青霉素软膏或碘甘油，溃疡面涂擦 25%甘汞软膏，可加快愈合。用药后 10～14 天内可治愈。

（十五）螨病

兔螨病又称兔疥癣病，是由疥螨或痒螨寄生于兔体表皮角质层深处引起的一种外寄生性、侵袭性皮肤病。本病引起病兔局部剧痒，或伴有湿疹性皮炎、脱毛，患部逐渐向周围扩展。本病具有高度传染性，以接触感染为主，轻者使兔消瘦，重者造成死亡，对养兔业危害严重。

【发病特点】通过询问了解兔场发病情况。本病各种年龄、品种的兔均易感。病兔是主要传染源。本病以接触感染为主，靠直接或间接接触传播。健兔和病兔在兔舍内、运动场等地互相接触而造成感染。也常通过兔笼、饲槽、清洁工具、工作人员的衣服和手等间接传播病原而感染。多发生于晚秋、冬季及早春季节，阳光不足、阴暗潮湿适宜本病的发生和蔓延；管理和环境卫生不良是促进疥螨病流行的重要因素。兔疥螨可感染人，但有一定的局限性，1～2 个月后可自愈。

【临床症状】

（1）兔痒螨病　兔痒螨寄生于外耳道，引起外耳道炎症，大量的耳脂分泌和淋巴液外溢，且往往继发化脓。渗出物干燥后形成黄色痂皮，如卷纸样塞满耳道。痒感剧烈，病兔耳朵下垂，不停摇头、抓耳、鸣叫，用脚搔抓耳朵或在器物上摩擦耳部，甚至引起外耳道出血。严重时蔓延至脑部，引起神经症状死亡。

（2）兔疥螨病　一般先由嘴、鼻孔周围和脚爪部发病，患部奇痒，病兔不停用脚爪搔抓嘴、鼻等处或用嘴啃咬胸部，严重时可出现用前后脚抓地现象。病变部结成灰白色的痂，使患部变硬。脚爪上产生灰白色痂块，并可向鼻梁、眼圈、前脚底面和后脚部蔓延，出现皮屑，严重者形成“石灰头”。足部产生灰白色痂块，并向周围蔓延，呈现“石灰足”。病兔迅速消瘦，常衰弱死亡。

【诊断】本病根据典型症状如剧痒、皮肤病变，可作出初步诊断。在患部皮屑中检查到虫体或虫卵可确诊。

兔痒螨病例轻轻刮取兔耳道内的湿性分泌物，兔疥螨病例需在患部与健康部交界处用钝刀刮皮屑，直至微见出血为止。将取到的皮屑装入试管，加10%氢氧化钠溶液，煮沸，待毛、痂皮等固体物溶化后，静置20分钟，由管底吸取沉渣，滴在载玻片上，用低倍显微镜检查，发现虫体或虫卵即可确诊。

【防治措施】兔螨病应以预防为主。

（1）搞好卫生　保持兔舍清洁、干燥通风，饲养密度不要过大。

（2）把好引种关　从无螨病的种兔场引种。引进种兔时，一定要隔离观察3周以上，严格检查，确认无螨病后方可混群。建立无螨兔群是预防本病的关键。

（3）定期消毒　兔舍、兔笼、用具及场地定期消毒。

（4）定期检疫　一旦发现本病，病兔及时隔离治疗，全群投药预防，兔舍、笼具彻底消毒，尽量缩小传播范围。

（5）控制措施　皮下注射伊维菌素（0.3毫克/千克），第3天进行一次大消毒。1周后重复一次。消毒彻底的兔场，可得到净化。

（十六）球虫病

兔球虫病是由艾美耳属的多种球虫寄生于獭兔的肠上皮细胞和肝脏胆管上皮细胞内引起的一种寄生虫病，是獭兔最常见的寄生虫病。病原是艾美耳属的13种球虫。其中，兔艾美耳球虫寄生于肝脏胆管上皮，其余都寄生在肠上皮。球虫卵囊的抵抗力，在潮湿的土壤中可存活数年，因此，兔场一旦发生，球虫病就很难根除。

【发病特点】通过询问了解兔场发病情况。各品种兔对球虫都有易感性，以断奶至3月龄的幼兔易感性和死亡率最高，成年兔为隐性感染，成为带虫者。病兔、带虫兔是传染来源，也可通过被卵囊污染的用具、环境等感染。球虫在兔体内寄生、繁殖，卵囊随粪便排出，污染饲料、饮水、食具、垫草和兔笼，在适宜的温度、湿度条件下发育为侵袭性卵囊，被兔吞食而感染。鼠类、昆虫及饲养人员都是本病的机械传播者。

球虫病各个季节都可发生，但以高温高湿季节多发，在南方为5—7月，北方为7—9月，常造成大批幼兔死亡。冬季兔舍保温不良、断奶、变换饲料、营养不良和笼具兔舍卫生差等都会促发该病。

【临床症状】按球虫的种类和寄生部位的不同，将兔球虫病分为肝型、肠型和混合型三型。

（1）肝型　病兔出现厌食、虚弱、腹泻或便秘。肝脏肿大造成腹围增大，触诊肝区疼痛，腹壁发紫，被毛粗乱易折，眼球发紫，结膜黄染，后期有下痢。严重感染者出现肝功能障碍。

（2）肠型　病兔腹泻，粪便带血，体重下降，渴欲增强，最后由于脱水和继发感染而死亡。

（3）混合型　临床上最常见。其典型症状是病兔食欲减退或拒食，精神沉郁，消瘦，贫血，眼鼻分泌物及唾液分泌增多，腹泻，或腹泻与便秘交替出现。病兔尿频或常作排尿姿势，后肢和肛门周围常被粪便污染。病兔膀胱积尿和肝脏肿大，呈现腹围增大，触诊肿区疼痛。病兔虚弱消瘦，结膜苍白，可视黏膜轻度黄染。在发病后期，幼兔往往出现神经症状，表现为四肢痉挛、麻痹，多因极度衰弱而死亡。

【病理剖检】

（1）肝型　肝脏表面和实质沿小胆管分布有多数粟粒或豌豆大圆形结节，镜检可见不同发育阶段的球虫体。慢性经过时，胆管周围和肝小叶间结缔组织增生，胆囊黏膜呈现卡他性炎症，胆汁浓稠。

（2）肠型　肠壁充血，十二指肠扩张，肠壁肥厚，黏膜充血、出血，卡他性炎症，肠管内充满气体和黏液。慢性经过时，肠黏膜呈现灰白色，并有许多小而硬的白色结节和化脓性坏死性小溃疡面，结节内含大量球虫卵囊。小肠充气，内积红色黏液。

【诊断】根据流行病学、临床症状和剖检变化可作出初步诊断，确诊需进行实验室检查。

（1）直接涂片法　滴 1 滴 50% 甘油水溶液于玻片上，蘸取兔粪放在其中，用竹签加以涂布，去掉粪渣，盖上盖玻片，在显微镜下用低倍镜检查。

（2）饱和盐水漂浮法　取兔粪 5～10 克放入一量杯中，加少量饱和盐水将兔粪捣烂，再加饱和盐水至 50 毫升。将此粪液用双层纱布过滤，滤液静置 15～30 分钟，球虫卵即浮于液面，取浮液镜检。此法检出率高。

但在发生急性球虫病时，有时粪检不一定发现卵囊，且兔的带虫现象极为普遍，所以不能单纯根据粪中能否检出卵囊而确诊是否为球虫病，应结合临床症状和病变特点综合诊断。将肠黏膜及肝脏病灶刮取物制成涂片镜检，若发现球虫卵囊、裂殖体或裂殖子等，即可确诊。该法简单易行，而且准确可靠，临床诊断中应用较多。

【防治措施】对感染球虫的兔要做到早发现、早治疗。

①保持兔舍干燥、清洁，做好兔舍及环境的定期消毒。

②仔兔、幼兔、成兔分群饲养。兔舍内防止鼠类、蝇类、害虫以及犬、猫的进入，不准鸡兔混养。

③发现病兔，立即隔离治疗。病兔不作种留用，死兔深埋或焚烧，避免二次传播感染。同时全群紧急药物预防。

④新引进兔一定要隔离观察，并经过多次粪便检查，确定健康无虫的兔再留作种用。

⑤加强饲养管理，提高抵抗力。在饲料中添加多种维生素和适当增加乳酸含量，使肠道偏于酸性，抑制球虫生长。

⑥对学会采食后的仔兔至 3 月龄幼兔进行药物预防，且不分季节。为防止产生抗药性，可采用几种抗球虫药物轮换使用。

地克珠利：每吨饲料添加原药 1 克。

氯苯胍：每日每千克体重 15 毫克拌料。

磺胺喹噁啉：预防按 0.02%浓度饮水，连用 3～4 周；治疗用 0.03%饮水或混饲。

磺胺氯吡嗪：预防按 0.02%浓度饮水，供断奶仔兔饮用，连用 30 天，治疗量为 3‰浓度。药液现配现用，最好当日配制。

磺胺甲基异噁唑（新诺明）和三甲氧苄氨嘧啶：按5：1

混合，治疗量按 0.04%浓度混料饲喂，连用 7 天，必要时停 3 天再用 7 天。

二硝苯酰胺（球痢灵）：将此药与 3 倍量磷酸钙一同研细，配成 25%的混合物，预防以 0.012 5%浓度剂量拌料饲喂；治疗以 0.025%～0.033%浓度混饲，连用 3～5 天。

莫能霉素：预防按 0.002%浓度混饲；治疗按 0.005%浓度混饲。

注意：早期轮换用药，对症治疗，采取辅助疗法（如补液，补充维生素 K、维生素 A 等）。另外，加入 B 族维生素和维生素 E 调节机体神经机能，配以电解多维葡萄糖补充营养成分，调解机体的酸碱平衡，保护肝脏。

禁止使用含有马杜霉素的各种剂型药防治兔球虫病，否则易发生中毒。

二、普通病

（一）妊娠毒血症

妊娠毒血症为母兔怀孕后期较为普遍出现的一种代谢病。该病致死率很高。妊娠、产后及假妊娠的母兔都可发生。经产兔的发病率约为初产兔的 4 倍，以肥胖母兔发病最为常见。

【病因】本病病因较复杂。许多因素（如品种、年龄、性别、肥胖、胎次等）都可影响本病的发生。有人认为本病与妊娠后期脑垂体机能异常有关。常伴有广泛的生殖机能障碍（如流产、死产、遗弃仔兔、吞食仔兔和胎儿异常）和子宫肿瘤。环境变化可导致内分泌机能失调（首先通过脑垂体），从而引起生殖机能障碍、子宫肿瘤和妊娠毒血症。妊娠期间，胎儿 生长过快，妊娠母兔葡萄糖消耗比非妊娠兔高得多。如果来自饲料中的葡萄糖不足，又受到环境改变等应激因素的影响，母兔垂体等内分泌机能失调，不能调节体内血糖平衡，使血糖浓度低于临界水平，造成大脑葡萄糖供应不足，即发生妊娠毒血症。

【临床症状】一般表现精神沉郁，呼吸困难，尿量减少，呼出气体带有酮味。有时产前发生流产，共济失调，惊厥和昏迷。轻度或中度病例往往能康复，严重病例发病后迅速死亡。

【病理剖检】表现严重的肝脂肪变性。死亡病兔通常过于肥胖。死亡或被扑杀的病兔，剖检时常发现乳腺分泌机能旺盛（甚至包括假妊娠母兔），卵巢黄体增大，肠系膜脂肪有坏死区。肝脏表面经常出现黄色和红色区。肾脏和心脏的颜色苍白。肾上腺缩小、苍白，常有皮质腺瘤。甲状腺缩小、苍白。垂体增大。显微镜检查：肝严重脂肪变性并有灶性坏死。肾小管和心脏也有脂肪变性。肾上腺皮质部，特别是变宽的束状带内有很多脂肪空泡。甲状腺滤泡由低立方上皮细胞排列而成，并充满无色的胶体。甲状腺远侧部含有很多嗜酸性粒细胞和多个腺瘤，中间部变粗。

【诊断】根据妊娠母兔病死率高，以肥胖母兔发病最为常见，呼吸困难，尿量减少，呼出气体带有酮味和神经症状，病理表现脂肪变性等，可作出诊断。

【治疗】本病发病迅速，往往因原因不明而无法采用治疗措施。病初内服甘油或静脉注射葡萄糖溶液有良好效果。同时，使用可的松类药物来调节内分泌功能，也可促使本病的好转。

【预防】为了预防本病的发生，应在妊娠后期供给含有丰富蛋白质和碳水化合物的饲料，并尽量避免饲料变更和其他应激因素。此外，在饲料中加入葡萄糖能预防妊娠毒血症的发展。

（二）乳房炎

兔的乳房炎主要表现为乳房颜色变蓝，故又称为蓝乳房病。

【病因】本病主要发生于泌乳期，尤其是泌乳量高的母兔。母兔分娩前后饲喂大量精料，使乳汁分泌过多，或因仔兔死亡或过弱不能将乳房中的乳汁吸完，均可引起乳房炎。有时则因泌乳不足，仔兔吮乳时咬破乳头而引起感染。乳房部偶然的外伤也可造成感染。

【临床症状】乳房炎包括临床型和非临床型（隐形乳房炎）。临床型乳房炎，根据感染的严重程度又可分为败血型、普通型、化脓型和隐形乳房炎等病型。

（1）败血型　乳房局部红肿、增温、敏感。继则患部皮肤呈蓝色，并迅速蔓延至所有乳房。体温升高至 40 ℃以上，精神沉郁，食欲下降，饮欲增加，通常在 2～3 日内死于败血症。患病母兔如继续哺乳，则仔兔常整窝发生急性肠炎，造成严重死亡。

（2）普通型　一般仅局限于一个或数个乳房。患部红肿充血，乳头焦干，皮肤张紧发亮，触之有灼热感。病兔通常拒绝哺乳。

（3）化脓型　一般乳房炎发生后不久，在乳房附近皮下可摸到栗子样的结节，结节软化形成脓肿。患部红肿坚硬。病兔步行困难，拒绝哺乳，精神不振，食欲减退，体温可达 40 ℃以上。

（4）隐形乳房炎　主要病变是乳汁成分和理化性质的潜在性变化，不但会使产奶量降低，而且还能转变为临床型乳房炎。隐形乳房炎主要依靠实验室方法诊断。

【诊断】

（1）实验室诊断

①过氧化氢酶试验法

乳样采集：选择健康或疑似乳房炎母兔若干只，弃去头乳数滴，每只兔采取新鲜乳 1.0 毫升，按照兔乳样编号后待测。

方法：将载玻片置于白色衬垫物上，滴被检乳 3 滴，再加 6%～9%过氧化氢试剂 1 滴，混合均匀，静置 5 分钟后观察。

判定标准及结果：阴性乳（－），液面中心无气泡，或有小如针尖的气泡聚集；可疑乳（±），液面中心有少量大如粟粒的气泡聚集。阳性乳（＋），液面中心布满大量大如粟粒的气泡。

②溴麝香草酚蓝（B. T. B）检验法

乳样采集：同前。

方法：将载玻片置于白色衬垫物上，滴被检乳 3 滴，再加 B. T. B 试剂 1 滴，混合观察。

判定标准及结果：阴性乳（－），黄绿色，pH 6～6.5；可疑乳（±），绿色，pH 6.6；阳性乳（＋），蓝绿色，pH 6.6 以上。

此外，还有氢氧化钠凝乳检验法、烷基硫酸盐检验法（C. M. T 试验法）。

注意事项：奶样应保证新鲜。如采集时间过久，则奶样可能变质而影响检验结果，特别是 B. T. B 检验法，最好是现场操作。配制试剂的各药品均应为化学纯，所用的各种器皿用前均须用蒸馏水冲洗干净，否则将影响准确性。

(2) 综合诊断　根据泌乳减少或停止，乳房红、肿、热、痛等典型的临床症状，乳汁性状异常，通过实验室检验乳汁，治疗性诊断等进行确诊。

【治疗】用温水（40～45 ℃）清洁毛巾，温敷乳房，每次 5～10 分钟，3～4 次/天。同时肌内注射庆大霉素，3～5 毫克/千克，2～3 次/天。脓肿可切开排除脓汁，挤出乳房内的乳汁，而后用 0.1%高锰酸钾溶液或 3%双氧水灌洗，并用青霉素与庆大霉素交替肌内注射，20 万国际单位/天。经治不愈者，应尽早淘汰。

【预防】保持兔笼、兔箱和运动场的清洁卫生，定期消毒，清除环境中可损伤乳房和皮肤的尖锐异物。母兔产前应控制饲喂料量，产后应根据产仔数、哺乳仔兔数量及乳汁量等供给精料，以防造成乳汁在乳房中蓄积。

（三）产后瘫

产后瘫痪又称为生产瘫痪、产后麻痹，也称乳热症。母兔产后突然发生严重的钙代谢障碍性疾病，主要表现舌、咽、消化道麻痹，知觉丧失，四肢瘫痪，体温下降和低血钙。

【病因】本病在母兔产后突然发病，其病因是产前缺乏阳光照射和足够的运动，兔舍长期潮湿，饲料中缺乏钙、磷等矿物质，产仔窝次过密，哺育仔兔过多，体力消耗过大，受惊吓或饲料中毒等都会引起产后瘫痪。母兔患球虫病、梅毒病、子宫炎、肾炎等病也会引起产后瘫痪。

【临床症状】发病后，患兔轻者食欲减退，重者食欲废绝，常常便秘，小便减少或不通。产仔后，轻者跛行，重者四肢或后肢突然麻痹，不能自主。有的同时子宫脱出，流血过多而死亡。

【诊断】结合问诊结果，如患兔突然产后发病，饲料中钙磷不足或哺育仔兔过多，钙磷损失严重，四肢无力或后肢麻痹，出现神经机能障碍等典型症状进行治疗性诊断，补钙后症状快速消失等便可确诊。

【治疗】本病的治疗以补钙为主，以恢复血钙含量。静脉注射10%葡萄糖酸钙5～10毫升，每日1次，连用4～6天。肌内注射维丁胶性钙注射液，每次2～4毫升，每日1次，连用3天；生理盐水30毫升、50%葡萄糖注射液20毫升、维生素C注射液2毫升、维生素B_2注射液2毫升，混合静脉注射，每日1次，连用3～4天。口服鱼肝油丸，每次1粒，每日2次。对于便秘患兔，要进行缓泻，及时清除肠内的积粪，可用硫酸镁5克，加水50～80毫升灌服，或直接灌服温肥皂水。

【预防】本病发生主要是由于患兔血钙降低，因此对怀孕及产后母兔，在饲料中要注意添加钙元素。通常在饲料中加入2%～3%骨粉或1%～1.5%贝壳粉，可预防本病的发生；同时日粮需要合理配比，防止饲料品种单一化。注意兔舍卫生，保持干燥。

（四）无乳、少乳症

母兔产后由于乳腺机能紊乱，泌乳量显著减少或突然无乳。

【病因】多见于初产母兔和老龄母兔。饲料不足，体质瘦弱，全身性疾病（胃肠炎、热性病）、疼痛性疾病等均可引起。乳腺发育不全或内分泌机能紊乱，受到惊吓，仔兔死亡，变更饲养场或饲养员等也可导致乳液减少（隐形乳房炎以乳量减少为明显症状，是引起少乳或无乳的主要疾病）。

【临床症状】母兔产后少乳或无乳，体温升高；整个乳房有硬结肿大，挤奶困难并拒绝哺乳；子宫内排出黄褐色半透明分泌物；无食欲，精神沉郁，便秘；产后 12～24 小时可观察到乳房肿大，仔兔饥饿。

【诊断】根据产后无乳或少乳，乳房肿大有硬结，仔兔饥饿等便可确诊。

【治疗】及早肌内注射青霉素和链霉素合剂，每天 2 次，直到症状消失；肌内注射催产素每天 4～6 次，注前 1 小时让仔兔离开母兔，注射后 10～15 分钟放回仔兔哺乳；内服人用催乳片效果较好。

【预防】改善饲养管理，给予富含蛋白质的精料、青草、多汁饲料及动物性饲料。轻易不要改变饲养方式、更换饲养员和饲料，给哺乳母兔创造安静舒适的生活环境，减少各种应激因素。

（五）便秘

便秘是由于各种原因引起的肠内容物停滞、变干、变硬，致使排粪困难，严重时可造成肠阻塞的一种腹痛性疾病。以幼兔、老龄兔多见。

【病因】在兔场调查兔饲料中粗、精料的配比，饲料来源、品种，兔场卫生管理及饮水情况。本病主要是由于精、粗饲料搭配不当，精料过多，饮水不足造成的。

【临床症状】表现食欲减少，排粪困难，粪球小、干硬，粪粒两头尖，甚至有的频做排粪姿势，但无粪排出。触诊腹部，内容物坚硬，似腊肠或念珠状。剖检，盲肠和结肠内充满干硬颗粒状粪便。

【治疗】硫酸钠2～8克或人工盐10～15克、加温水适量一次灌服，幼兔可减半灌服。或用液状石蜡、植物油，成年兔10～20毫升，加温水适量一次灌服，必要时可用温水灌肠，促进粪便排出。

【预防】加强饲养管理，合理搭配饲料，防止过食，供给充足饮水，适当运动，配合饲喂青绿多汁饲料，可有效防止本病发生。

（六）胃积食

胃积食又称胃扩张。一般2～3月龄的幼兔容易发生。

【病因】如发现没有定时、定量饲喂，换料过快或突然给予多汁、适口性好的饲料，饲喂含露水的豆科饲料，饲喂较难消化的玉米、小麦等，饲喂腐败和冰冻饲料等，均可引发该病。

【临床症状】将卧伏不动或不安、胃膨大、流涎、呼吸困难、表现痛苦、眼半闭或睁大、磨牙、四肢集于腹下、时常改变蹲伏位置的病兔检出。触诊腹部，可以感到胃体积明显胀大。如果胃继续扩张，最后可导致胃破裂死亡。

【治疗】立即停止饲喂，灌服植物油或液状石蜡10～20毫升，萝卜汁10～20毫升，食醋10～20毫升。服药后，人工按摩病兔腹部，增加运动，使内容物软化后移。

【预防】饲喂要定时定量，切勿饥饱不匀。幼兔断奶不宜过早。更换干、青饲料时要逐渐过渡。禁止喂雨淋、带露水的饲料。禁止饲喂腐败、冰冻饲料，少喂难消化的饲料。

（七）毛球病

毛球病是一种比较常见的家兔代谢病，多由于食入过多的兔毛，兔毛在胃内与胃内容物混绕形成毛球，滞留胃内，越积越大，阻塞胃肠道而发病。

【病因】检查兔场饲料、饲养情况。家兔食毛现象严重，饲料配比不合理、营养不全，或某些体外寄生虫病引起家兔奇痒、咬毛，饲养密度过大，兔笼狭小，相邻兔笼隔网孔隙太大、无间距或无隔板等。

【临床症状】发现有舔毛、食毛，粪便中带毛，食欲不振，好卧，喜饮水，大便秘结，触诊能感觉到胃内有毛球时，可怀疑该病。

【治疗】可灌服植物油软化毛球；或口服多酶片，每日 1 次，每次 4 片；也可用温肥皂水灌肠，每日 3 次，每次50～100 毫升，利于毛球排出。毛球排出后，应给予易消化的饲料，口服健胃药如酵母等，促进胃肠功能恢复。此外还可口服阿托品 0.1 克，同时配合腹外按摩挤压，促使毛团破碎而排泄。对有食毛症的家兔还要将食毛兔隔离饲养，在其饲料中添加 1.5%的硫酸钙和 0.2%的胱氨酸＋蛋氨酸（或 1%的毛发粉）。上述治疗无效者，应立即进行手术，取出阻塞物。

【预防】保证供给全价日粮，增加矿物质和富含维生素的青饲料，补充含蛋氨酸、胱氨酸较多的饲料。及时治疗家兔皮肤病，经常清理兔笼或兔舍，防止发生拥挤，加密相邻兔笼隔网或用双层网隔开 2～3 厘米间距或加隔板。

（八）胃肠炎

胃肠炎是胃肠表层黏膜及其深层组织炎症过程。

【病因】兔舍潮湿，饲草被污染，饮水不清洁等可导致本病发生。刚断奶幼兔，常因贪食过多饲料而发生腹胀，继发胃肠炎。也可继发于胃扩张、胃臌气、出血性败血症、副伤寒及球虫病等。

【临床症状】腹泻是胃肠炎的主要症状。先便秘，后腹泻，肠音增强。粪便恶臭，混有黏液、组织碎片及未消化的饲料，有时混有血液。肛门沾有粪污，尿呈酸性、乳白色。当严重脱水时，病兔被毛逆立、无光泽，腹痛、不安，出现全身肌肉抽搐、痉挛或昏迷等神经症状。若不及时治疗则很快死亡。

【治疗】通过口服补液盐（ORS）补充肠炎引起的脱水。内服链霉素粉 0.01～0.02 克/千克或新霉素 0.025 克/千克。投服药用炭悬浮液或内服小苏打，每次 0.25～0.1 克/千克，1 日 3 次。静注或腹腔注射糖盐水 50～100 毫升，皮下注射维生素 C，增强病兔抵抗力，防止脱水。另外，中药方剂郁金散和白头翁汤等有较好的治疗效果。使用微生态制剂饮水，效果较好。

【预防】加强饲养管理，保证供给全价日粮，增加矿物质和富含维生素的青饲料，补充含蛋氨酸、胱氨酸较多的饲料。断奶幼兔饲料中添加复合酶等助消化药物，饮水中加入微生态制剂有良好的预防效果。

（九）肠臌气

肠臌气多因饲料不良引起，急性发生。

【病因】调查兔场的饲喂、饲料情况，如采食大豆秸、紫云英、三叶草，堆积发热的青草，腐败冰冻饲料或多汁、易发酵的青贮料，以及突然更换饲料，造成贪食等均可引发该病。也可继发于结肠阻塞、便秘等。

【临床症状】家兔吃料后精神不好，腹部逐渐胀大，像绷紧的鼓皮，叩诊呈鼓音。患兔呼吸困难，心率加快，可视黏膜潮红，甚至发绀，偶尔拱腰，鸣叫。

【治疗】先穿刺放气，后灌服大黄苏打片 2～4 片，制霉菌素 5 万国际单位，预防霉菌性肠炎的发生，每天 3 次，连用 2～3 天。病情较稳定的患兔，可内服适量植物油。应用制酵药，大蒜（捣烂）6 克，醋 15～30 毫升，一次内服，既能疏通肠道，又对泡沫性臌气有效。或醋 30～60 毫升内服；或姜酊 2 毫升，大黄酊 1 毫升，加温水适量内服。对轻微病例可辅助性按摩腹壁，兴奋肠活动，排出气体。便秘性臌气，可用硫酸镁 5～10 克，液状石蜡 10 毫升，一次灌服。治疗时为缓解心肺功能障碍，可肌内注射 10%安钠咖注射液 0.5 毫升。为防止该病复发，患兔还需隔一段时间再喂料，可先喂易消化的干草，再逐步过渡到正常饲料。

【预防】严禁给家兔饲喂大量易发酵、易引起臌胀的饲料，防止饲料发霉、冰冻、腐烂。更换饲料要逐渐进行，以免家兔贪食。控制肠便秘等阻塞疾病的发生。

（十）中暑

中暑于夏季炎热的天气多发。

【病因】该病多因天气闷热或烈日暴晒，兔舍通风不良，兔饮水不足，温度过高所致。

【临床症状】病兔主要表现食欲下降或废绝，精神不振，全身无力，站立不稳，口腔、鼻腔、眼睑等可视黏膜潮红发绀，心跳加快，呼吸困难且急促浅表，不久出现精神症状，四肢发抖抽搐，有的口吐白色或粉红色的泡沫，最后多因窒息死亡。对病死兔剖检，可见心肌瘀血，肺脏周缘充血，喉头黏膜充血，胸膜淋巴结瘀血，肾脏轻微肿胀，尿液多混浊。

【治疗】立即将病兔放到阴凉通风处，在头颈部和肚皮上敷凉水浸湿的毛巾，灌服生理盐水、藿香正气水 2～3 滴，或人丹 3～4 粒加入水内搅匀灌服。耳静脉放血，静脉注射樟脑磺酸钠注射液 0.5～1 毫升/次，山苍子根 5 克研为细末，加入少量食盐，温水冲服。

【预防】炎热季节要做好兔舍的通风降温，使空气新鲜、凉爽。温度过高可洒水降温，供给充足的饮水，不要使兔受到强烈的阳光照射，适当减少兔的饲养密度，避免在高温天气长途运输。夏季瓜果丰富，西瓜皮、苦瓜、黄瓜、冬瓜等营养丰富，且具有药用价值，均属家兔夏季消暑的佳品。

第八章 獭兔毛皮生产及加工关键技术

第一节 獭兔皮的特点

一、獭兔皮的组织构造

根据组织学构造，兔皮可分为表皮层、真皮层和皮下组织3层。表皮层位于皮肤表面，由多层上皮细胞组成。由内向外又可分为生发层、颗粒层和角质层。

（一）表皮层

表皮层位于皮肤最外层，由多层上皮细胞组成，由内向外又分为生发层、颗粒层和角质层。表皮层占皮层厚度的2%～3%。

1. 生发层 即生长层，是表皮层的最下层，由具有细胞核与繁殖能力的线状新生细胞所组成。

2. 颗粒层 由生发层往上移而形成，组成的细胞局部失去水分，呈颗粒状。

3. 角质层 为角质化变硬的细胞层，逐渐变成皮屑自行脱落。

（二）真皮层

真皮层是位于表皮层以下的一种厚而致密的结缔组织，含有多量的胶原纤维、弹性纤维、网络纤维。以胶原纤维为主，是皮肤最厚的一层，占皮层厚度的75%～80%，其中乳头层约占1/3、网状层占2/3。

1. 乳头层 乳头层与表皮的下层相互嵌入，呈乳头状，一般以毛根和汗腺的下限处为界。乳头层分布有大量的血管、淋巴和神经，是皮肤最敏感和富有血液的部分。乳头层构造比较疏松，细菌容易侵入和繁殖，故易受细菌作用而腐败。如果生獭兔皮保管不当，极易使乳头层遭受破坏，导致皮板分层和裂面现象，降低成品质量。

2. 网状层 由弹性纤维和紧密结缔组织组成。纤维束向着不同方向相互交织而形成一种复杂的网状组织层，是皮板中最紧密、结实的一层。獭兔皮成品的强度主要由本层所决定，因此在加工过程中，要防止造成刀伤、磨伤等。

（三）皮下层

皮下层又称肉层，由一层松软的结缔组织及排列疏松的胶原纤维和弹性纤维组成。纤维间分布着许多脂肪细胞、神经组织、肌纤维和血管等。在生皮干燥过程中，脂肪细胞会阻止水分蒸发，影响兔皮干燥，故在干燥前将此层刮掉。

二、獭兔皮的化学组成

兔皮的化学成分主要为水、脂肪、无机盐、蛋白质和碳水化合物等。

1. 水分 刚屠宰剥取的兔皮含水分65%6～75%，一般幼龄兔皮的含水量高于老龄兔，母兔皮的含水量高于公兔皮。真皮层含水量最多，表皮层最少，网状层介于两者之间。

2. 脂肪 鲜皮中的脂肪含量占皮重的10%～20%。脂肪主要存在于表皮层、乳头层和皮脂腺中，其次为网状层和皮下组织中。脂肪对兔皮的加工鞣制有极大影响。含脂过多的生皮，在鞣制加工前必须进行脱脂处理。

3. 无机盐 鲜皮中的无机盐占鲜皮重的0.3%～0.5%，主要是钠、钾、镁、钙、铁、锌等。一般表皮层中含钾盐多，真皮层中含钙盐多；白色兔毛中含有较高的氯化钙和磷酸钙，深棕色兔毛中含有较高的氧化铁。

4. 碳水化合物 鲜皮中的碳水化合物含量占皮重的1%～5%，从真皮到表皮层，从细胞到纤维均有分布，有葡萄糖、半乳糖等单糖及糖原、黏多糖等。酸性黏多糖在基质中具有润滑和保护纤维的作用。

5. 蛋白质 鲜皮中的蛋白质含量占皮重的20%～25%，蛋白质是毛皮的重要组成成分，其结构和性质极其复杂。真皮的主要成分为胶原蛋白和弹性蛋白，表皮和兔毛的主要成分是角蛋白。

三、獭兔的被毛生长与脱换

1. 獭兔被毛生长脱换过程 獭兔的毛有一定生长期。当兔毛生长到成熟末期，毛囊的底部细胞化生逐渐缓慢，最后停止增长，毛根底部逐渐变细，从下部生长的毛根内鞘也停止分化，遮盖毛乳头顶部的细胞变成角化棒形体，而毛球和毛乳头逐渐分离，毛成为棒形，毛根上升，移到毛囊颈部而脱落，同时剩下来的毛乳头变小，逐渐消失。在旧毛脱落时或脱落以前，上皮组织开始增生，新毛即在毛囊中生长，毛囊下部开始变厚变长，毛乳头变大并进入毛囊底部的上皮细胞内。在毛乳头以上的毛囊腔即充满新生的皮上角质块，在角质块内有一层角质细胞，即新生的内根鞘，在此层以内的细胞形成兔毛的本体。

2. 獭兔被毛脱换特点

（1）年龄性换毛　年龄性换毛是指幼兔到一定日龄，被毛脱落，长出新被毛的现象。年龄性换毛，獭兔一生中只有两次：第一次换毛约在生后 30 日龄开始，100 日龄结束；第二次换毛约在 130 日龄开始到 190 日龄结束。

力克斯兔（獭兔）的第一次年龄性换毛可于 3～3.5 月龄时结束，此时能形成较完美的毛被，但皮张厚度不足，韧性差，鞣制过程中容易破损，成品也不耐摩擦，影响使用价值。因此，屠宰最佳时机是在第二次年龄性换毛结束时，即 5～6 月龄。若营养状况良好，兔毛生长所需要的营养，如蛋白质、必需氨基酸，特别是含硫氨基酸和维生素充足，则年龄性换毛持续的时间短。

（2）季节性换毛　当幼兔完成两次年龄性换毛之后，换毛按照季节进行。春季换毛期在 3—4 月，秋季换毛期在 8—9 月。换毛的早晚和持续时间的长短受多因素影响，如日照和气温变化、年龄、性别、健康状况、营养水平等。不同獭兔的毛纤维生长期不同。獭兔被毛生长期只有 6 周，6 周后毛纤维即达到标准长度，此后不再生长。

第二节　兔皮的剥取及处理

一、獭兔活体验毛

商品獭兔生长发育到约150日龄（冬季135日龄、夏季175日龄）完成第二次换毛，此时是取皮的最佳时机。提早或推后取的皮张，品质大幅下降。獭兔活体验毛是多出特级、一级皮张的保障。

不同的地区、季节、品系和个体，尤其是不同的营养水平，被毛的脱换规律和速度不同。活体验毛，要认真检查被毛的脱换和毛绒状态，以被毛质量为标准，确定出栏时间，并且了解市场行情变化，以最佳经济效益为判断出栏的依据。方法是：

1. 看皮毛的光洁平整度　一只手拽住兔的双耳将其拎起，另一只手将兔毛顺向、逆向反复抹平，然后前后左右观察，看看有无凹凸不平的地方；之后一只手拽住兔的双耳将其向前拎起，另一只手将兔腹部向后托起，使兔背部向上、腹部向下、头部向前、尾部向后，高度与检验者面部稍低，然后前后左右逆毛观察，看有无凹凸不平的地方，判断被毛平整度，并观察被毛粗毛率。

被毛不平整的兔皮，加工为成品前，需要以被毛最矮处为准剪平，常导致皮张的等级下降。因此，平整度是验皮的关键项目，出现不平整的残次毛应缓宰取皮。常见不平整的残次毛有龟盖皮、松针皮、鸡啄皮、癣癞皮、换季皮、黏结皮、缠结皮、孕兔皮、旋毛等。

2. 摸被毛检查弹性与厚实度　用手握摸皮毛，感受被毛的丰厚度、密度、长度、细度；兔皮的厚度，尤以背腹部的弹性厚实度。4月龄以下的兔皮薄、柔软而缺乏韧性；老龄兔皮厚、不柔和、缺乏弹性；5～12月龄的兔皮厚度最合适（1.72～2.08毫米），柔韧而有弹性。

3. 吹被毛观察被毛密度　垂直于皮肤吹开被毛，形成游涡中心，根据游涡中心露出皮肤的面积大小来估测其密度。以不露皮肤或露皮总面积不超过4毫米^{2}为极好，其密度一般在3万根/厘米^{2}左右；不超过8毫米^{2}为良好，其密度一般在2万根/厘米^{2}左右；不超过12毫米^{2}为合格，其密度一般在1.5万根/厘米^{2}左右。如条件许可，用卡尺测量更加准确。

母兔被毛密度略高于公兔。从不同部位看，以臀部被毛密度最大，背部次之，肩部最差。

4. 插被毛观测被毛长度　将手指分开，横向插入兔背部、腹部等部位的皮毛，观察被毛长度。如毛尖露出指缝且高于手指，被毛较长、为1.8～2.0厘米，达到优良兔皮品质，则可以取皮；如果毛尖没能露出指缝，手指外露，被毛较短，长度在1.8厘米以下，达不到优良兔皮品质，售价较低，则应缓宰取皮。必要时可手拔兔毛量其长度。

5. 掂量体重判断个体大小　在进行以上四项观测的同时，也可用手掂量估计体重大小。一般体重与皮板面积成正相关，体重越大，皮板面积也越大。通常体重在2.75千克以上的兔皮能够达到商品皮质量要求，必要时可称量。

总之，从整体外观上看，成熟的毛皮皮板洁净，不带暗斑，毛被细密平齐，针绒毛长度1.6～2.2厘米，弹性好，有光泽。手摸活体脊背肌肉丰满、臀部丰圆、腹部紧凑的獭兔才能宰杀取皮，否则被毛不平，空疏粗糙，体质瘦小，所取的皮达不到等级要求，影响品质和效益。从月龄上来看，毛皮成熟的一个标志，应该为4～5月龄。

由于獭兔分年龄性换毛和季节性换毛，所以对于成年兔和淘汰的种兔来说，最好在毛皮质量最佳的冬季取皮，即秋季换毛以后和春季换毛之前，即11月以后和3月以前。而对于育肥后期的商品兔来说，只要达到5月龄、体重2.5千克以上，任何季节均可取皮。

二、屠宰技术

屠宰方法的选择，应以不影响毛皮质量、死亡迅速和经济实用为原则。常用的有以下方法。

1. 颈部移位法 适用于小规模屠宰。左手用力握住其颈部，右手托其下颌往后扭动，因颈椎脱臼而死亡。

2. 电麻法 大型屠宰厂利用此法。以40～70伏电压、0.75安电流的电麻器触及其耳根部而致死。

3. 心脏注入空气法 向耳静脉或心脏注射空气，一般注射5～10毫升，形成血栓而亡。

三、剥皮技术

獭兔处死后，在尸体僵冷前剥皮。为了确保獭兔皮毛质量，目前多采用手工直接剥皮（不淋水）。一般将右后肢挂在挂上，由左跗关节沿大腿内侧通过肛门将皮切开（挑裆）至右后肢跗关节处，切口几乎呈一条直线。再从跗关节上方1.0～1.5厘米处环切断腿皮，剥至尾根处，用力不要太猛，防止撕破腿部肌肉。从第二尾椎处去尾，然后将四周毛皮向外翻转剥开，双手紧握兔皮的腹背部，用退套法将兔皮翻剥至前肢处；割除腹部皮下腺体和结缔组织；抽出前肢，在腕关节稍上方1厘米处截断前肢（前爪留在皮上）。剥离头皮，割断耳根、眼周和口唇，形成皮板向外、被毛向内的皮筒。

四、生皮初步加工技术

1. 生皮的修整与清理

（1）生皮的修整　去尾、爪，从耳根部将头部皮毛切去即皮筒。若要皮板，则将修整好的皮筒腹面向上平展在台面上，使腹中线呈直线，沿腹部中线切开，切口要直。切开四肢内侧（切开时不能偏斜），展平皮板。

毛皮不能有血污、损伤，肌肉不能有损伤。拉扯毛皮时手不接触兔毛，拉扯的范围要大，用力不要过猛。做到皮不粘肉，肉不粘毛，手和工具未经消毒不得接触肉体。

（2）生皮的清理　剥下的生皮，常带有油脂、残肉、血污、肌腱、结缔组织等，均要清除。否则将影响毛皮的整洁，容易出现油烧、霉烂、脱毛，降低使用价值。

注意：清理刮脂时，展平皮张，以免刮破，影响质量；用力应均衡，不宜用力过猛，以免损伤皮板，切断毛根；由臀部向头部顺序进行，如逆毛刮脂，则易造成透毛、流针等伤残。

2. 防腐处理　炎热天气，鲜皮经2～3小时即开始腐烂。皮中所含的酶能使皮组织在几小时内自溶。生皮如不马上鞣制加工，则要先进行防腐。

防腐的目的是形成不适于细菌和酶作用的环境。常用的方法有以下几种。

（1）干燥法　通过干燥使鲜皮中的含水量降至12%～16%，抑制细菌繁殖。干燥的最适温度为20～30℃，温度低于20℃，水分蒸发缓慢，干燥时间长，可能使皮张腐烂；温度超过30℃，皮板表面水分蒸发快，易使皮张表面收缩或使胶原胶化，阻止水分蒸发，成为外干内湿状态，干燥不匀会使生皮浸水不匀，影响以后的加工操作。干燥防腐的优点是操作简单，成本低，皮板洁净，便于贮藏和运输；主要缺点是皮板僵硬，容易折裂，难于浸软，且贮藏时易受虫蚀损失。

（2）盐腌法　是最普通、最可靠的方法。用盐量一般为皮重的30%～50%，盐粒不要太粗，将食盐均匀撒布于修整、清理后的生皮面，搓揉要全面到位，不有遗漏。然后板面对板面、毛面对毛面至阴凉处堆叠1周左右，使盐溶液逐渐渗入皮内，直至皮内和皮外的盐溶液浓度平衡，达到防腐的目的。1周后打开翻检一次，再以同样方法堆叠放置即可。如果腌制皮筒保存，则先将修整、清理后的皮筒毛面向内、板面向外平置于台面上，然后用手将食盐均匀搓在皮板上，反过来再搓另一面，不要留有空白。搓完食盐的皮筒同皮板按前方堆叠处置。

需要腌制防腐的生皮在剥皮后30分钟之内腌制最好，随着时间的延长，皮板的油脂溢出，影响腌制效果。盐腌法防腐的毛皮，皮板多呈灰色，紧实而富有弹性，温度均匀，适于长时间保存，不易遭受虫蚀，鞣制时也容易浸软。主要缺点是阴雨天容易回潮，用盐量较多，劳动强度较大。

（3）盐干法　这是盐腌和干燥两种防腐法的结合，即先盐腌后干燥，使原料皮中的水分含量降至20%以下。鲜皮经盐腌，在干燥过程中盐液逐渐浓缩，细菌活动受到抑制，再经干燥处理，达到防腐的目的。盐干皮的优点是便于贮藏和运输，遇潮湿天气不易迅速回潮和腐烂；主要缺点是干燥时由于胶原纤维束缩短，皮内又有盐粒形成，可能影响真皮天然结构而降低原料皮质量。

3. 消毒处理 在某些情况下，原料皮可能遭受各种病原微生物的污染，尤其是遇到某些人兽共患疾病的传染源，如果处理不当会严重危害人兽健康。因此，必须重视对原料皮的消毒处理。为了防止各种传染源的扩散和传播，在原料皮加工前，可用甲醛熏蒸消毒，或用2%盐酸和15%食盐溶液浸泡2～3天，可达到消毒的目的。

4. 保管存贮 生皮经脱脂、防腐处理后，若贮存保管不当，仍可能发生皮板变质、虫蚀等现象。贮存原料皮的库房要求地势高燥，库内要通风、隔热、防潮。建筑物应当坚固，屋顶不能漏水，水泥地板上加防湿木板，能防鼠、蚁。库房温度5～25℃，相对湿度应保持在60%～70%。原料皮入库时严格检查，没有晾干、带有虫卵、有杂质的皮张，不得入库。

在库房内，生皮堆在木条上，按产地、种类、等级分别堆放。垛与垛、垛与墙、垛与地之间应保持一定距离，以利通风、散热、防潮和检查。每月检查2～3次，发现问题，及时采取有效措施。

（1）防潮防霉 原料皮具有吸湿性，遇到阴雨天气，空气潮湿，很容易返潮、发热和发霉。发霉的表现：皮板与毛被上产生一种白色或绿色的霉，轻的有霉味，局部变色；重的皮板变为紫黑色，板质已受损伤。库房内应有通风、防潮的设备，并要采取各种控制与调节空气湿度的措施。

（2）防虫、防鼠　仓库内外保持卫生。皮张上垛前，在皮板上撒防虫药剂，如精萘粉、二氯化苯等。库内发现虫迹，翻垛检查，及时消灭。

库房内应无鼠类打洞的条件，门严实，窗装铁纱，杜绝老鼠出入。若发现库房内有鼠，只要断绝其水源，几天内，一开门即自行逃出，或衰竭死亡。

5. 包装运输　收购的原料皮，大多是零收整运，发运时须重新包装。长途托运，可按品质或等级基本一致的叠放在一起，每5张一扎，撒上少量防虫药剂，包一层防潮纸，用纸箱或塑料编织袋打包。批量货运采用绳捆法，每捆50张，打捆时要毛面对毛面，皮板对皮板，每捆上下两层皮板朝外，用塑料编织布包裹，“井”字形捆紧，消毒、开具检疫证明后方能发运。途中必须防雨。

第三节　毛皮质量评定

一、毛皮质量要求

1. 被毛密度　被毛密度与保暖性正相关，要求密度愈高愈好，是评定獭兔毛皮质量的第一要素。獭兔品系不同，绒毛密度不同。美系獭兔有16 000～18 000根/厘米^2；法系獭兔有18 000～22 000根/厘米^2。法系獭兔绒毛密度较美系高；母兔绒毛密度略高于公兔；臀部绒毛密度最大，背部次之，肩部最差。绒毛密度除受遗传、营养、年龄和季节等因素的影响外，营养越好，毛绒越丰厚；青壮年兔比老龄兔丰厚；冬皮比夏皮丰厚。饲养管理不善、忽视品种选育等，均会影响被毛密度。方法同活体验毛。

2. 皮板面积 毛皮面积关系到商品的利用价值，在品质相同的情况下，面积越大利用价值越大。量皮的长度是从颈中部量起直至尾根，宽度测量前肢后缘的宽度。长宽相乘即皮的面积。按照中华人民共和国供销合作行业标准《獭兔皮》（GH/T 1028—2002）的分级标准与规格，獭兔毛皮的全皮面积特等皮为1 400厘米^{2}以上，一等皮为1 200厘米^{2}以上，二等皮为1 000厘米^{2}以上，三等皮为800厘米^{2}以上。凡面积不符合标准者，要进行降级。

3. 皮板质地 基本要求是洁白、厚薄适中，致密而坚韧，板面洁净，被毛附着牢固，无刀伤、虫蛀及色素。獭兔皮张厚度为1.72～2.08毫米，受以下因素影响：从年龄上来讲，皮板厚度随年龄的增加而增厚，青年兔在适宜季节取皮，板质较好；幼龄兔皮的板质太薄、太软；老龄兔的较粗糙、过厚。从部位上来讲，通常獭兔皮张厚度以臀部最厚，肩部最薄；在季节上冬季皮致密、厚实、有弹性，质量较佳，而夏季皮则薄且疏松，易破裂。

4. 被毛色泽 评定被毛色泽的基本要求是符合品种色型特征，纯正而富有光泽。兔皮毛被颜色较多，要求毛色一致，符合品种特征，忌花斑和杂色。色泽的纯正度主要受遗传、年龄的影响。品种不纯的有色獭兔，其后代容易出现杂色、色斑、色块和色带等异色毛。由于年龄不同，其色泽也有很大差异，獭兔一生以5月龄至1周岁前后色泽最为纯正而富有光泽，4月龄前的青年兔及3岁后的老年兔毛皮色泽多淡而无光。有色獭兔的毛皮色泽多随年龄增长而逐渐变淡，且失去光泽。此外，管理不善、营养不良、疾病等因素均会影响被毛的色泽。至于何种色型的獭兔毛皮最珍贵，饲养何种色型最划算，主要取决于市场要求和消费者的不同爱好。随着科学的不断发展，可以通过染色来满足市场及不同消费者的需求，但对有色毛皮的染色有一些难度。因此，就当今商品角度而言，以白色为最好。白色獭兔遗传稳定，不会出现杂色后裔，饲养数量最多，利于提纯复壮和提高商品品质。

5. 被毛长度 獭兔被毛的长度一般为1.3～2.2厘米，以1.6厘米左右者为佳。影响兔毛长度和平整度的主要因素有营养水平、取皮时间、性别等。营养条件越差，被毛越短且戗毛含量高。未经换毛的毛皮，戗毛含量往往高于换毛后的适龄皮张。从不同性别看，似有公兔毛略长于母兔毛的趋向。

6. 被毛平整度 评定獭兔毛皮品质的重要指标之一是要求被毛长度均匀一致、平整。一张兔皮，虽被毛密度、长度、色泽、皮板面积等均符合品质要求，而由于不同部位的被毛长度不一致，有长有短，在加工服饰时不得不用剪绒机将长毛部分与短毛剪齐，又变成了短毛。这种兔皮商品价值比较低，市场售价可能是比较平整的同等兔皮售价的1/10。造成被毛不整齐的主要原因是不熟悉獭兔被毛脱换规律，没能掌握活体验毛技术，被毛脱换后还未长齐就屠宰取皮，取皮过早；或在被毛脱换整齐后没能掌握好时机及时屠宰，而是在又开始下一次被毛脱换时屠宰取皮，取皮过晚。

在鉴定时将左手按压皮板头部，右手按皮板下方，用力一抖，观察皮毛表面是否平整和长短是否一致。如果皮毛还未长齐，即可看出表面凹凸不平，品质较次。业内人士将被毛不平整称作盖皮（包括内盖、外盖）、刺毛、鸡啄皮等。

7. 被毛粗细 也是评定獭兔毛皮品质的重要指标之一。獭兔的被毛细，绒毛含量高，戗毛含量低。据测定，美系白色獭兔毛纤维的平均直径为 16 微米，粗毛率平均 5.5%，粗毛与细毛的长度及细度很接近，有人认为獭兔全为细毛、无粗毛。由于细而密，形似剪绒一般，美观、舒适、保暖。獭兔被毛粗细受品种遗传因素影响比较大，其次是营养因素。不同品种、色型的獭兔毛纤维直径不一样，不同季节和月龄的獭兔也有差别。不同的时代、商品对獭兔被毛的粗细要求也不完全相同。有的认为细毛品质好，符合目前毛领用途的标准，被毛粗、长、密，属于优等兔皮。被毛粗，强度大，不易倒卧。

8. 被毛牢度 评定獭兔毛皮品质的重要指标之一，也是最容易被人们所忽视的一个指标。刚开始换毛或换完毛不久以及受到损伤、发生皮肤病的獭兔，其被毛虽平整，但部分被毛已松动，牢固性差，所取的皮在鞣制加工过程中会出现脱落，是一种潜在的质量隐患，影响兔皮品质。因此，要特别注意检查，在观察完平整度后，要用手轻轻揪被毛，如很容易揪下，则说明被毛牢度差，可能正在换毛或换完毛不久，余毛尚未脱净，应暂缓宰杀取皮。

二、毛皮品质的评定方法

评定獭兔毛皮质量，主要通过一看、二抖、三摸、四吹、五量等步骤进行。

一看：即一只手捏住兔皮头部，另一只手执其尾部，仔细观察兔皮。先看毛面，后看板面，然后仔细观察被毛的粗细、色泽、板底、皮形等是否符合标准，有无瘀血、损伤、脱毛等现象。若出现孔洞、旋毛、伤痕、痈疽、瘀血、掉毛、皱缩或过分伸拉等现象，则应作降级处理。板质足壮，是指皮板有足够的厚度，薄厚适中，皮板纤维面积细致紧密，弹性大，韧性好，有油性。板质瘦弱是指皮张薄弱，纤维编织松弛，缺乏油性，厚薄不匀，缺乏弹性和韧性，有的带皱纹。

二抖：即一只手捏住兔皮头部，另一只手执其尾部，上下不断地轻轻抖动，观察被毛长短、平整度，毛脚软硬，毛的弹性，粗毛量等，依此来确定等级。凡发现毛纤维过长（超过 2.2 厘米），戗毛突出，毛脚绵软、无弹性，毛被稀松，粗毛过多以及有掉毛现象者，均应作降低处理。

三摸：即手触摸毛皮，检查被毛弹性、密度及有无旋毛，同时将手指插入被毛，检查厚实程度。毛绒丰厚是指毛长而紧密底绒丰足、细软，戗毛少而分布均匀，色泽光润。毛绒空疏是指毛绒粗涩，黏乱，缺少光泽，绒毛短而薄，毛根变油，显短、干。

四吹：即用嘴沿逆方向吹开被毛，使其形成旋涡，视其中心所露皮面积大小评定密度。若不露皮肤或露皮面积小于 4 毫米^2（1 个大头针头大小）为最好，不超过 8 毫米^2（1 个火柴头大小）为良好，不超过 12 毫米^2（3 个大头针头大小）为合格。

五量：即用尺子自颈的缺口中间至尾部量取长度，选腰间中部位置量其宽度，长宽相乘即皮张面积。特等皮全皮面积在 1 400 厘米^2 以上，一等皮面积应在 1 200 厘米^2 以上，二等皮在 10 000 厘米^2 以上，三等皮在 800 厘米^2 以上。

三、残次缺陷兔皮

1. 松针皮 指换毛初期有些绒毛脱离皮板，但仍残留于绒毛中，呈小撮状露出于绒面，对毛皮质量影响很大。

2. 龟盖皮 獭兔换毛多从背部开始，腹部最后完成。根据换毛情况，有些背部绒毛丰厚平整，腹部绒毛空疏；有些背部绒毛长短不一，腹部毛绒基本一致；有些背腹毛基本一致，但背腹部连接处出现一圈短毛。以上三种情况取皮后形成龟盖形状，统称为龟盖皮，为獭兔毛皮中的常见缺陷之一，对毛皮品质影响很大。

3. 尿黄皮 因笼舍潮湿、卫生条件差而导致獭兔腹部、后躯被粪尿污染成棕黄色。轻度污染仅危及毛尖影响外观，严重污染的使腹毛呈深棕色时就会导致被毛脆弱易断，严重影响制裘价值。

4. 伤疤皮 因獭兔群养，互相斗殴，撕咬皮板，伤口感染溃烂，愈合脱痂后形成伤疤。初愈时患处多呈无毛、光秃状。痊愈后患处虽长出短毛，但已伤及皮层。轻的毛绒不够平整，影响成品外观；重的伤及皮层，制裘后多出现孔洞。

5. 癣癞皮 患疥癣病的兔皮，轻的被毛粗乱，缺少光泽；重的皮肤结痂，被毛成片脱落，失去制裘价值。患有兔虱的獭兔，被毛粗乱、脆弱，缺少光泽，对毛皮品质影响很大。

6. 鸡啄（仟）皮 指一张很好的皮，却有几处像被鸡啄掉了毛一样，大则 2 厘米^2，小则 0.5 厘米^2，形成一个个坑，高低不平。

7. 鱼鳞皮　被毛面上如鲤鱼鳞状，形成一小片一小片的半圆形或圆形短毛，比鸡啄（仟）皮大。

8. 沟状皮　在兔的被毛上形似一条一条的小沟，好像地下的水线（类似于龟盖皮）。

9. 旋毛　指毛绒竖立不直，呈旋涡形毛绒。

10. 换季皮　指换毛未完成的兔皮。整张皮或四边的毛密度不够，或出现竖沟缺毛和波纹缺毛现象，类似于龟盖皮。

11. 孕兔皮　指产过仔的母兔。腹部尚未长好或已经长不出被毛的皮张。

12. 二茬毛　表面上看兔皮毛很平整，若用手一划，则会发现在平整的表面下还有一层矮一截的兔毛，形成长短两层。

13. 缠结皮　指皮张局部绒缠结在一起，獭兔养殖过程中护理不当或毛皮在鞣制过程中去油不净，使毛绒形成团状。

14. 粘结皮　指毛绒不能直立蓬松，粘在一起，毛皮在鞣制后清洗不够造成。

15. 夏板皮　指夏季宰杀的兔皮，皮板薄，毛绒稀疏。

16. 黄板皮　指鲜皮加工时连日阴雨，闷热，皮板纤维腐蚀而发黄，有异味，制裘时易脱毛。

17. 水伤皮　指鲜皮不及时加工，受闷后引起脱毛。

18. 亏寸皮　指达不到等级面积要求的小皮张。

19. 折痕皮　指表面皮形成断裂条痕，有损皮质。

20. 透毛皮　指皮板面露出毛根，毛皮在鞣制过程中削力过重引起。

21. 刀（伤）洞　由于宰杀、剥皮技术不当造成的破残称“刀洞”。划破皮板未成破洞的称“描刀”，深度不及皮板1/2的影响不大，超过1/2的制裘后可能出现孔洞。

22. 歪皮 剥皮时未从肛门处沿后腿内侧腹背分界处挑开，容易造成背部皮长，腹部皮短；或因后裆开割不正，形成背部皮短，腹部皮长。这类皮张均会影响毛皮的出材率。

23. 偏皮 筒皮开片时不沿腹部中线分割，造成皮板脊背中线两侧面积不等，形成偏皮。这类皮张将会严重影响出材率。

24. 缺材 獭兔毛皮加工的要求是宰剥适当，皮形完整，开成片皮。因加工不当，保管不善或其他原因造成的皮形不完整均称缺材。

25. 撑板 因撑皮或钉皮用力过猛，撑拉过大，而不按自然形状晾干，干燥后腿、腹部皮张薄如纸，极易造成折裂伤，产生折裂痕，制裘时极易破损，并且皮毛空疏，影响质量。

26. 皱缩板 鲜皮晾晒时，由于没有展平或周边未加固定，皮板干燥后产生皱缩，不仅影响外观，捆扎时如受重压，皱褶处极易断裂，严重影响制裘质量。

27. 陈皮板 生皮存放时间过久，导致皮板发黄，失去油性，皮层纤维间质变性，被毛枯燥，缺少光泽，浸水后不易回潮，制裘后柔软度差，易产生折裂伤等。

28. 烟熏板 皮张在干燥、贮存期间，因烟熏时间过久，皮板枯燥发黄，失去油性，被毛发涩，失去光泽，制裘后被毛光泽和柔软度很差，严重影响成品质量。

29. 油烧板 剥下的鲜皮因未去净油脂或肉屑，又因晾晒不当或受烈日暴晒，油脂溶化后渗透皮层即成烧板，导致制裘时脱脂困难，严重的将失去制裘价值。

30. 受闷皮 剥下的鲜皮因加工晾晒不及时或方法不当，导致皮板变质腐烂，被毛脱落，板面变黑的均称为受闷皮。轻的局部腐烂造成损失，重的失去制裘价值。

31. 霉烂皮 在贮存或运输过程中皮张雨淋受潮，或鲜皮未及时晾晒，或晾晒未干而堆叠过久等，均可使皮张霉烂变质，严重影响毛皮品质。

32. 石灰板 晾晒生皮或贮存皮张时，在皮板上撒放生石灰吸水，因石灰遇水生热，使胶原纤维发生变化，皮层组织受损，轻的制裘后板面粗糙，重的板面硬脆，极易折断。

33. 血板皮 指病死或非宰杀致死，皮板出现染红的瘀血痕迹，皮质不好。

34. 虫蛀皮 由于保管不当，在温暖季节没能做好防虫工作，皮板及被毛发生虫蛀，可见皮板有虫蛀痕迹，抖动兔皮或轻轻提拉兔毛出现断毛。也可见到虫体及所蜕的虫皮。

四、影响獭兔毛皮品质的因素

从生产实践看，取皮季节、宰杀年龄、种质、饲养管理、病害、加工、贮存条件、性别等因素，均可影响獭兔毛皮品质的优劣。

1. 取皮季节

(1) 春皮 立春（2月）至立夏（5月）期间所产的皮，底绒空疏，光泽减退，板质较弱，油性不足，毛面不整齐，皮板带红色，品质相对较差。

（2）*夏皮*　也称之为热皮，是自立夏（5月）至立秋（8月）炎热季节所产的皮。被毛稀短，底绒空疏，皮板薄弱，多呈暗黄色。四季之中，夏皮最差，制裘价值最低。

（3）*秋皮*　立秋至立冬这时所产的皮，秋皮优于春皮和夏皮，晚秋皮优于早秋皮。秋皮的特点是毛绒已逐渐丰厚，但略显短粗，皮板坚实厚硬，富含油性，毛皮品质较好。

（4）*冬皮*　立冬（11月）至翌年立春（2月）取的皮，毛绒丰厚有光泽，板质足壮，富含油性，特别是冬至到大寒期间所产的毛皮品质最好。

取皮季节对于刚换完毛的青年兔而言，虽然有一定影响，但影响并不是很大，所以青年兔夏季也是可以取皮的，但一定要有选择地取皮，不达到标准的坚决不取。取皮季节对成年兔、老龄淘汰兔影响较大，一般情况下，冬皮比夏皮丰厚，以冬皮品质最佳。因此，成年兔或老龄淘汰兔的取皮季节最好选择在秋末或冬季，要少取春皮，禁取夏皮。

2. 宰杀年龄　一般来讲，成年兔皮的质量比幼龄兔皮和老龄淘汰兔皮要好。

（1）*4月龄前的幼龄兔*　因绒毛不够丰厚，胎毛褪换未尽，毛粗绒稀，板质轻薄，商品价值不高。

（2）*5～6月龄的壮年兔*　绒毛浓密，色泽光润，板质结实，厚薄适中，质量最佳。

（3）*老龄兔皮*　板质厚硬、粗糙，绒毛空疏、枯燥，色泽暗淡，商品价值很低，而且毛皮品质有随产仔胎次增加而逐渐下降的趋势。因宰杀年龄或取皮季节不当而产生的毛皮缺陷，主要有松针皮和龟盖皮。

3. 种质因素 是决定獭兔毛皮质量的关键因素之一，如品种遗传性不稳定，除出现异色个体外，其后代被毛中极易出现杂色、色斑、色带、锈色和吊肚等缺陷。而且通常体型越大，皮张面积越大，毛皮质量越好。因此，饲养体型大的獭兔经济效益比较好。

4. 饲养管理与病害 饲养管理对毛皮品质影响很大。饲料营养不足，会使被毛灰暗，没有光泽，毛密度下降，毛纤维变细，皮板变薄，生长受阻，体型瘦小，导致皮板面积不符等级皮要求。管理不好，会使被毛脏乱，易患体外寄生虫，特别是螨虫和真菌病感染的獭兔皮，造成伤疤皮，影响毛皮质量；青年兔不及时分笼，会导致相互撕咬，出现伤痕皮。所有兔群应按品种、月龄、性别等分级管理。

5. 加工因素 加工不当常会产生刀洞、歪皮、偏皮、缺材、撑板、折裂伤、皱缩板等，严重影响獭兔毛皮品质。

6. 贮存条件 毛皮因贮存保管不当，常会出现陈皮、烟熏、油烧、受闷、霉烂、虫蛀等现象，严重影响毛皮品质。

7. 性别影响 在其他条件相同的情况下，性别对獭兔毛皮品质也有明显的影响。4～5月龄宰杀的公兔皮一般要比母兔皮的张幅大，皮板厚，被毛粗。性成熟后的公兔皮则皮张更厚，被毛更粗，毛绒更稀，板质更为松弛，缺乏弹性，故公兔的毛皮质量差于母兔皮。但母兔皮张品质随产仔胎次的增加而明显下降，产仔胎次越多，毛皮品质越差。

8. 产地差异 獭兔皮存在明显的地区差异，一般皮张北方优于南方。北方獭兔皮（基本上以黄河为界，东北、西北、河北的北半部），皮板肥壮，毛绒面厚、平顺。南方獭兔皮（主要产于浙江、江苏一带）毛绒平齐且较细，板质适中。中原獭兔皮（以四川、河南等区域为主）皮板张幅较小，毛绒平顺且较细，板质薄。云南海拔 1 800～2 200 米及以上的地区，年温差小，日温差大，四季均产 A 级皮；海拔超过 2 500 米的高寒山区，四季均可产特级皮。

参 考 文 献

谷子林，2006. 肉兔无公害标准化养殖技术 [M]. 石家庄：河北科学技术出版社.

谷子林，2002. 现代獭兔生产 [M]. 石家庄：河北科技出版社.

谷子林，秦应和，任克良，2013. 中国养兔学 [M]. 北京：中国农业出版社.

谷子林，薛家宾，2007. 现代养兔实用百科全书 [M]. 北京：中国农业出版社.

胡薛英，蔡双双，2006. 实用兔病诊疗新技术 [M]. 北京：中国农业出版社.

任克良，2002. 现代獭兔养殖大全 [M]. 太原：山西科学技术出版社.

任文社，董仲生，2010. 家兔生产与疾病防治 [M]. 北京：中国农业出版社.

孙慈云，王桂芝，娄德龙，2006. 獭兔高效养殖新技术 [M]. 济南：山东科学技术出版社.

向前，2005. 优质獭兔饲养技术 [M]. 郑州：河南科学技术出版社.

熊家军，2012. 獭兔安全生产技术指南 [M]. 北京：中国农业出版社.

熊家军，梅俊，张庆德，2006. 养兔必读 [M]. 武汉：湖北科学技术出版社.

杨秀女，2010. 科学养兔指南 [M].2 版. 北京：中国农业大学出版社.

杨正，1999. 现代养兔 [M]. 北京：中国农业出版社.

张宝庆，2004. 养兔与兔病防治 [M].2 版. 北京：中国农业大学出版社.

张恒业，等，2010. 兔健康高产养殖手册 [M]. 郑州：河南科学技术出版社.

图书在版编目（CIP）数据

獭兔高效养殖关键技术 / 肖锋，曹继东，姜八一主编 . —北京：中国农业出版社，2018.10（2019.8 重印）
（特种经济动物养殖致富直通车）
ISBN 978-7-109-24853-3

Ⅰ. ①獭… Ⅱ. ①肖… ②曹… ③姜… Ⅲ. ①兔-饲养管理 Ⅳ. ①S829.1

中国版本图书馆 CIP 数据核字（2018）第 258697 号

中国农业出版社出版
（北京市朝阳区麦子店街 18 号楼）
（邮政编码 100125）
责任编辑 周锦玉

北京中兴印刷有限公司印刷 新华书店北京发行所发行
2018 年 10 月第 1 版 2019 年 8 月北京第 2 次印刷

开本：850mm×1168mm 1/32 印张：8
字数：170 千字
定价：25.00 元